突然ですが、私は20年以上、肉を食べる生活をし続け、
その中でも和牛はほぼ毎日食べています。

すき焼きは日本が誇る伝統料理です

ステーキも大好きです

色々な部位を食べられるのが焼肉の魅力です

年間250日は焼肉を食べています

美味しい和牛を突き詰めると、
「小豆色」にたどり着きます。

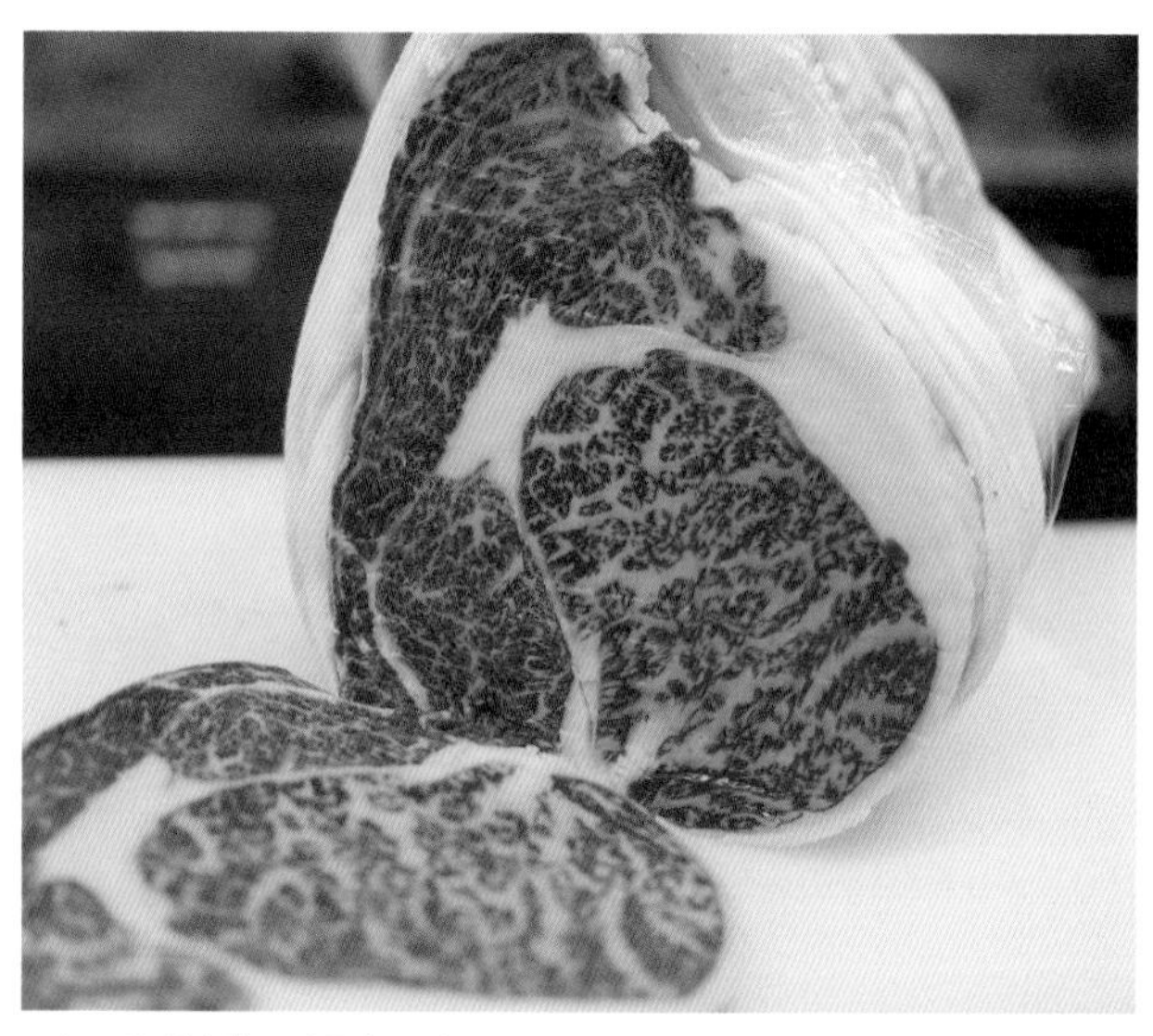

これこそが本物の小豆色です

最高峰の牛肉は、皆さんがイメージするピンク色とは違うんです

小豆色の牛肉は、香りも旨味も別次元です

肉の道を追求する中で、
和牛の歴史が詰まった広島を訪問し、

1900年、広島県庄原市に設立された国立種牛牧場

広島和牛の種牛を見学

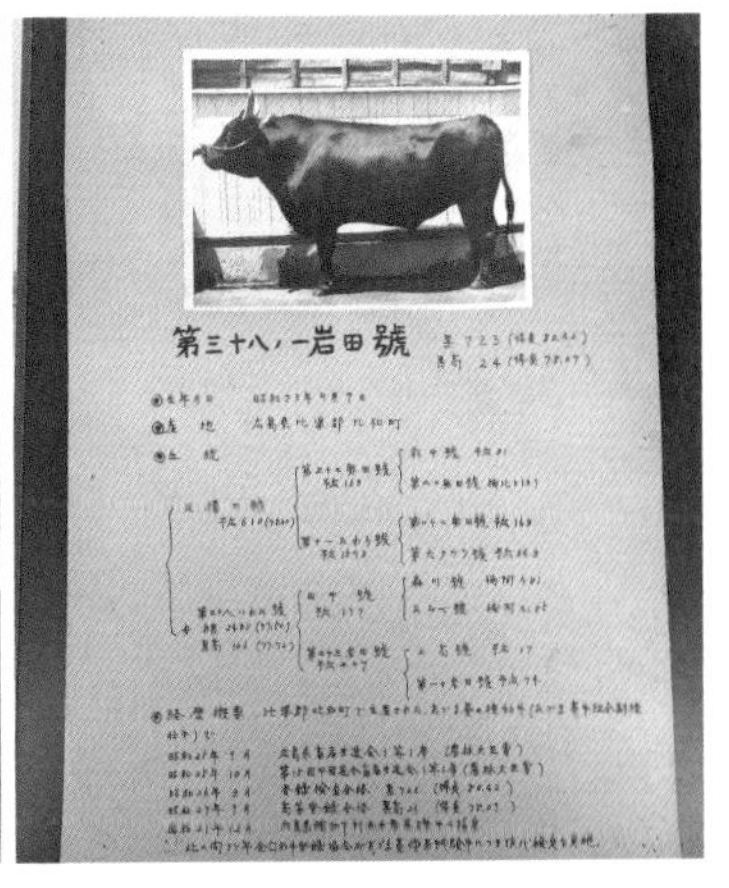

和牛の歴史をひたすら学ぶ

食肉市場で牛肉の目利きを学び、

食べたい枝肉と記念撮影

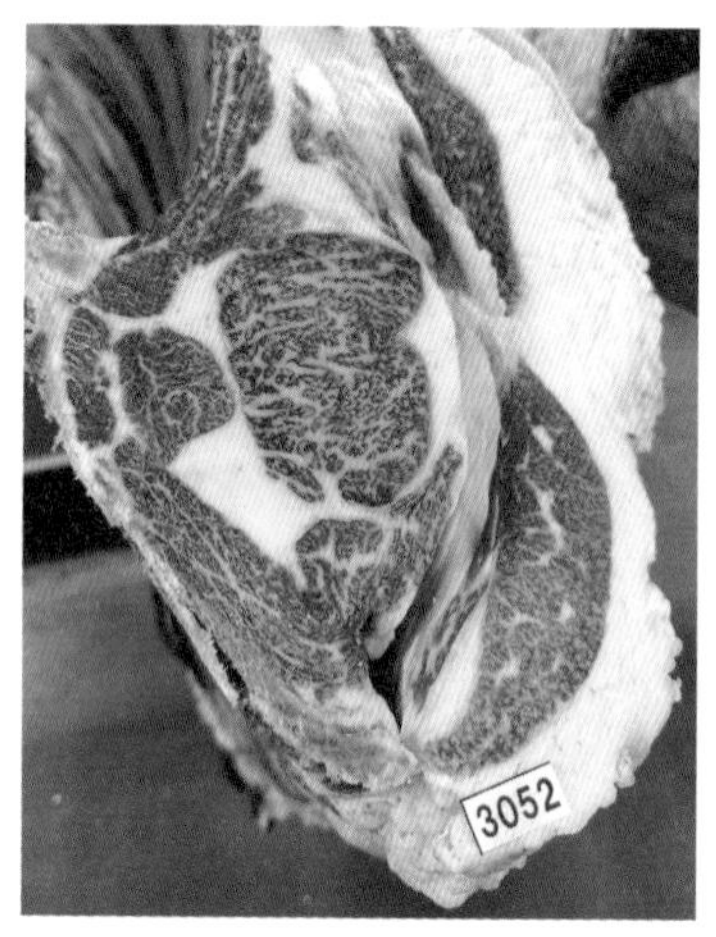

枝肉のロース断面を見て、肉質を判断します

生々しい写真ですが、こうして処理された牛肉を私たちは食べているんです

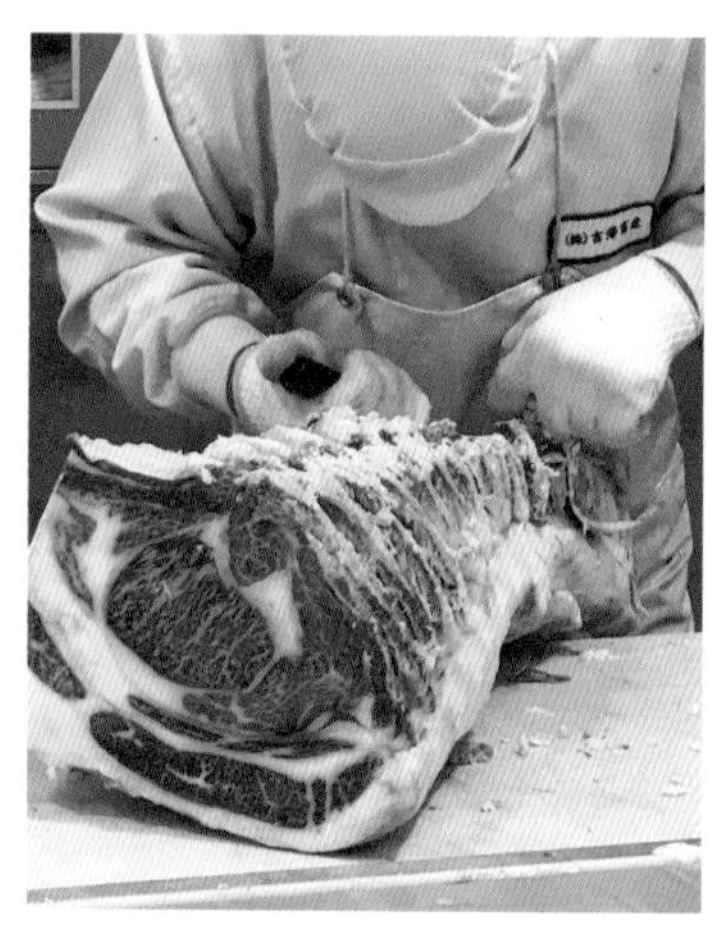

食肉市場内での加工の様子

美味しい和牛に出会うと、
その牧場を訪れて生産者に話をうかがい、

滋賀県で最高級の近江牛

松阪のレジェンド生産者の牛舎にも行きました

兵庫県で神戸ビーフの素牛（但馬牛）を見に行きました

海外に肉を食べに行ったり、
逆に海外の人に日本の和牛を食べてもらったりします。

サンフランシスコで市場調査

和牛を広めるためにUAEへ行きました

海外で肉を焼くイベントに招待されました

肉は理屈ではなく、食べなきゃ何もわからないので、
気になった肉は必ず食べるようにしています。

食べたい和牛はどこまでも追いかけます

どれだけ知識をつけても、実際に食べなきゃわからないことばかりです

食べ比べをするなら、サーロインがわかりやすいです

そんな生活をSNSで発信し続けていますが、
その決定版として『肉ビジネス』に
私の牛肉の知識と経験をすべて詰め込みました。

ただ私が食べた肉を上げているチャンネルですが、500万回以上再生されています

Instagramでは、4.2万人の「肉バカ」にフォローしていただいています

肉ビジネス

食べるのが好きな人から専門家まで楽しく読める肉の教養

小池克臣
Katsuomi Koike

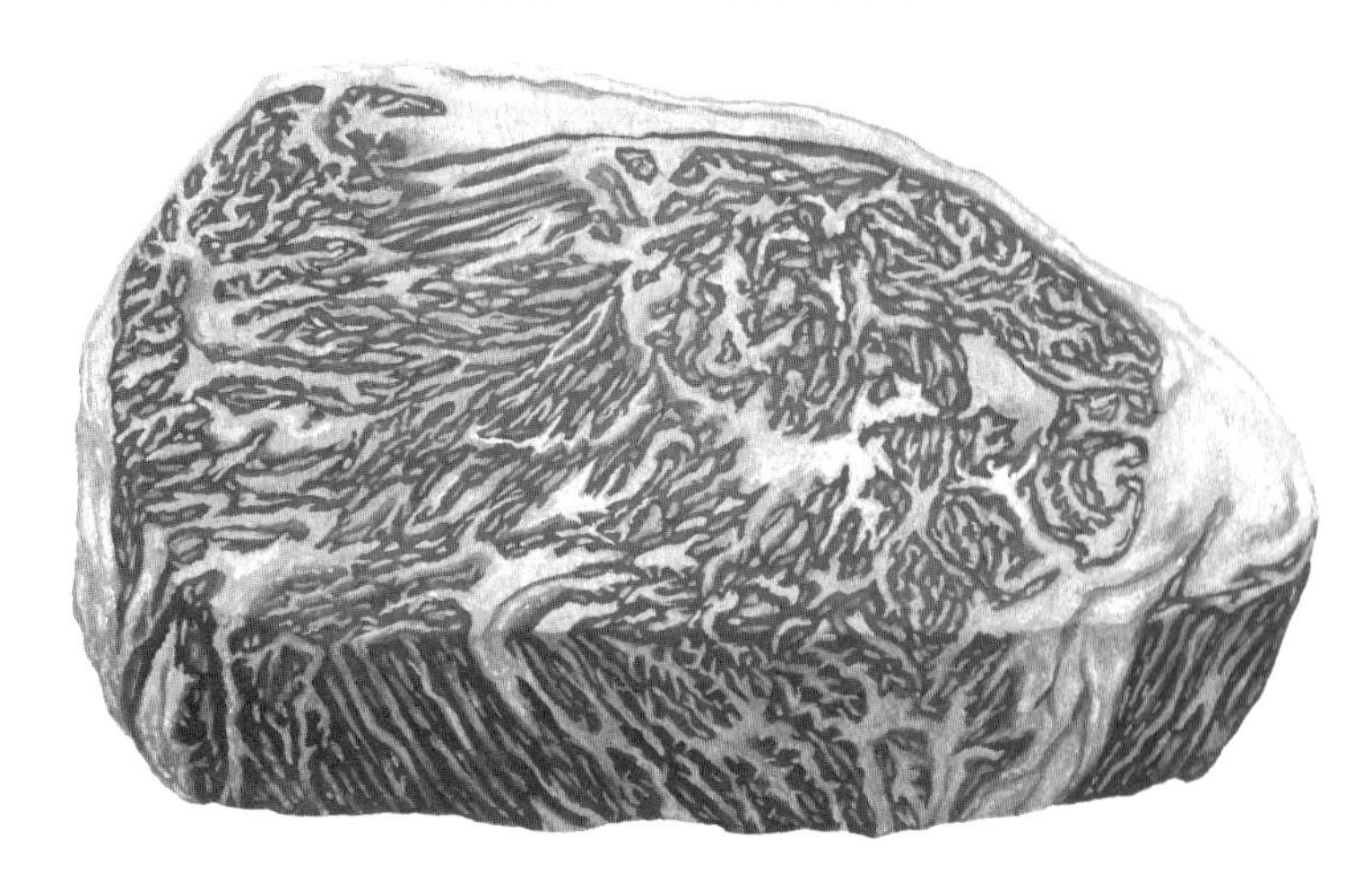

All About THE MEAT BUSINESS

CROSSMEDIA PUBLISHING

魚屋の長男が「肉の求道者」になるまで

私は週に5回、年間で250回以上焼肉店を訪れ、1年のうち300日以上は和牛を食べる生活をずっと続けています。豚肉や鶏肉も大好きなので、とんかつ、豚しゃぶ、焼き鳥、唐揚げなど、肉を食べない日を見つける方が難しいくらいです。

ごく稀に鮨を食べに行く私の姿を見ると、肉以外も食べることに驚かれますが、そういった日はだいたい朝食や昼食時に自分でステーキを焼いて食べています。

食べること以外にも、美味しかった焼肉店やステーキ店には何度も再訪し、店主と話すことで飲食店としてのこだわりや思いを学びます。

こんな生活を送っていれば、肉に対する好奇心は膨らむ一方です。そこからは、飲食店の店主に紹介してもらい、精肉店や食肉市場にも足を運び始めるようになります。

精肉店や食肉市場では、食べる側からは見ることのできない裏側に触れ、マーケットの状況を肌で感じ、食肉に対する見識をさらに高めていきました。

年間300日和牛を食べる中で、年に2度か3度、震えて感動するほど美味しい和牛に出会うことがあります。そんな時は居ても立ってもいられず、自分からアポを取り、生産者に会いに行くこともありました。

そんな食生活をＳＮＳやテレビ、書籍などで発信する中で、いつからか「肉バカ」と呼ばれるようになり、現在に至ります。

私は１９７６年、神奈川県横浜市で魚屋を営む家庭の長男として生まれました。

我が家の食卓には、その日売れ残った魚が並びます。カレーライスの日も、とんかつの日も、パスタの日も、毎日のように焼き魚と刺身が横にありました。

父が市場で仕入れてきて、それを丁寧に仕込んだ魚は、もちろん、どれも美味しいです。

ただ、子どもの頃の私は、どうしても喜んで食べることができませんでした。

すでに当時から、「肉を食べたい」という気持ちが心から離れなかったのです。

そのため、月に１度か２度の外食は、必ず焼肉を食べに行きたいと騒いでいました。

実家の近くには「羊蹄山（ようていざん）」という焼肉店がありました。子どもの頃はそこのカルビと骨付きカルビは本当によく食べました。

羊蹄山のカルビは脂の付いたバラを使っていました。網の上から立ち上る脂とタレの混ざった香りに、口の中ではよだれが溜まっていきます、香ばしく焼き上がったカルビを白米の上で2回バウンドさせ、そのカルビを頬張ります。そこから間髪入れずに白米を掻き込むときの高揚感は、今も記憶に焼き付いています。

羊蹄山はすでに閉店していますが、幼少期の思い出として、一生忘れることのできない焼肉店の1つです。

1995年、私は大学に入学してバイトを始めることになります。

自分で稼いだお金を握りしめて行ったのが、当時、新宿の伊勢丹の近くにあった人生初の「叙々苑」でした。

今まで行った焼肉店とは違った雰囲気に心地良い緊張感を覚え、行き届いたサービスはどれも素晴らしいものでした。食べ慣れていたはずのカルビも見た目から違い、タレとの相性も最高で、骨付きカルビをスタッフのお姉さんがハサミで切り分けてくれるサービスには感動しました。

元々1つのことにのめり込みやすい性格だったので、小さい頃には熱帯魚を飼育し、家中を水槽だらけにして怒られたり、学生時代には格闘技にのめり込み、毎日卵の白身を10個飲んでトレーニングしたりしていました。

そんな私は、大学生の頃に味わった叙々苑での感動をきっかけに、人生を焼肉や肉に傾倒していくことになります。バイト代が入れば焼肉を食べに行くのはもちろん、社会人となり収入が増えるにしたがってその頻度は増し、最終的には週5回の焼肉が当たり前になりました。

当然ですが、肉には牛肉をはじめ、豚肉や鶏肉、羊肉など色々なものがあります。この本のタイトルである『肉ビジネス』という視点から見ると、それぞれの肉によって違った箇所もありますが、本書では共通点も多く、最も見識の深い「教養としての牛肉」の世界についてご紹介します。

では、始めていきましょう。

第3章 東京食肉市場に学ぶ枝肉流通の世界
Chpater 3 : The world of carcass distribution

第4章 美味しさの視点から学ぶ鮮度の世界
Chpater 4 : The world of meat freshness

第7章 生肉と火入れから学ぶ温度の世界
Chpater 7 : The world of temperature

第8章 海外から学ぶWagyuの世界
Chpater 8 : The world of Wagyu

第1章

和牛から学ぶ肉ビジネスの世界

Chpater 1 :
The world of meat business

ALL ABOUT THE MEAT BUSINESS

1

「国産牛」と「和牛」は何が違うのか

私たちがスーパーの精肉コーナーに行くと、鶏肉や豚肉、牛肉と様々な産地表記を目にすることができます。その中でも牛肉には、大きく分けて3種類の産地表記があります。

1つ目は、国内消費の約65％を占める、アメリカ産やオーストラリア産などの海外からの輸入牛です。最も輸入量が多いのはオーストラリア産で、輸入量の約50％を占めます。次に輸入量が多いのがアメリカ産で、輸入量の約40％を占めます。

つまり、オーストラリア産とアメリカ産の合計で、日本の輸入量の約90％を占めているのが驚きです。これ以外にもカナダ産、ニュージーランド産、メキシコ産などが日本に輸入されています。

オーストラリア産やアメリカ産の輸入牛は、日本人の嗜好に合わせて、牧草ではなく穀物をメインの飼料としています。穀物を飼料にすることで、牧草を食べる牛よりも肉が柔らかくなります。

輸入牛は、日本で国内生産される牛肉に比べて、安価な傾向にあり、私たちの食卓にはなくてはならない存在になっています。

2つ目の表記は国産牛です。国産牛とは、品種や生まれた地域に関係なく、生まれてから屠畜（家畜など、動物を食肉・皮革にするために殺すこと）されるまでの期間の半分以上を日本国内で育てられた牛のことです。

例えば、海外からアンガス種などを日本に連れてきて、海外での飼育期間よりも日本での飼育期間が長い牛であれば、その牛も国産牛と表記されることになります。

3つ目の表記は和牛です。和牛は輸入牛や国産牛といった飼育地による区分ではなく、牛の品種による区分を表します。

和牛には、「黒毛和種」「褐毛和種」「日本短角種」「無角和種」の4品種、およびこの4品種間の交雑種で構成されています。また、これらの品種を日本国内で飼育した牛でなくては和牛にはなれません。

和牛という単語を見ると、古来から日本に生息している牛というイメージがあるかもしれませんが、実はそうではありません。現在の和牛のほとんどは、品種改良として外国種との交雑を行い、品種として固定化されているものが大半です。

それぞれ4品種の和牛について、詳しく見ていきましょう。

①黒毛和種：在来種にブラウンスイス種やデボン種などを交配した品種。和牛の90％以上を占めています。肉質は、筋肉内部にまで細かなサシが入り、肉用として非常に人気。

②褐毛和種：朝鮮半島系の阿蘇牛や韓牛などにシンメンタール種を交配した品で、主に熊本と高知で飼育されています。熊本系の褐毛和種と高知系の褐毛和種は、同じ褐毛和種として区分されていますが、交配した品種によって肉質や外見でも違いがあります。

③日本短角種：在来種にショートホーン種を交配した品種で、主に岩手や青森といった東北地方で飼育。夏は放牧されることも多く、サシがほとんど入らない赤身の強い肉質が特徴です。

④無角和種：在来種に無角のアバディーン・アンガス種を交配した品種で、山口県阿武郡で飼育。その頭数は非常に少なく、2018年時点では約200頭ほどです。

ALL ABOUT THE MEAT BUSINESS

2 肉産業の歴史

日本人が広く牛肉を食べるようになったのは、一般的には明治時代から始まったと考えられています。明治5年1月24日に明治天皇が１２００年間禁止されていた牛肉を召し上がり、その美味しさと文明開化の言葉と共に、世の中に広がっていったとされています。

ただ実際は、肉はタンパク質の補給を目的とした栄養素として、魚と同じように古来から伝統的に食べられていたのも事実ですが、現在のようにトラクターなどの機械が存在しなかったため、家畜は重要な労働力でもありました。

また、当時は食肉が忌まれていたこともあり、肉を食べることは世の中に広まっているものではなく、ごく一部で行われていたものだったのです。

歴史的には、すでに平安時代には牛馬市が開かれ、牛馬の交換や売買が行われていました。牛馬市には多くの人が集まり、牛馬市が行われる町は栄え、やがて江戸時代には備後（広島県）の杭の牛馬市、豊後（大分県）の浜の牛馬市、伯耆（鳥取県）の大山の牛馬市は日本三大牛馬市と呼ばれ隆盛を極めました。

すでに書いている通り、この頃の牛は食用の肉牛ではなく、農耕や運搬などの作業に使用する目的で飼育される役牛でした。当時、在来牛は使役には優れていましたが、外国の牛に比べて体が小さく、肉量が少ないものでした。

そのため、明治時代に肉牛としての改良を目的として、在来牛と外国の牛の交配が始まることになります。

最初はエアシャー種、シンメンタール種、ブラウンスイス種といった西洋種との交配が行われましたが、交雑種は体格が非常に大きく、日本の狭い耕地には不向きでした。在来牛に比べて動きも緩慢、飼い主の言うこともあまり聞かない傾向にあり、肝心の肉質も劣ったため、あまり人気がありませんでした。

明治42年、兵庫県の但馬地方の養父で開催された第1回兵庫県畜産共進会で、政府が推奨する交雑種ではなく、在来牛（但馬牛）が1等を受賞しました。これがきっかけとなり、全国的に交雑種の人気が落ち、最終的には交雑推奨の政策は打ち切られました。

大正時代になると、明治時代のような無秩序な交配から、在来牛の特徴（長所）を残しながら、系統立てて品種改良が行われるようになりました。この頃から、牛の審査登録が実施されるようになり、血統がしっかりと管理される中で、交雑種の不評だった特徴はほとんど見られなくなりました。

こうして品種として固定されたのが現在の和牛です。昭和23年には全国和牛登録協会が発足して、和牛登録が始まりました。

ちなみに当時、黒毛和種として第1号登録されたのは広島和牛でした。広島県には、かつて国立種牛牧場という、和牛の品種改良を研究する施設がありました。和牛の歴史を紐解く中で、広島県には非常に重要な歴史が詰まっています。

先ほど、現在の和牛は交雑種であることはすでにお話ししましたが、実は純潔な在来種もわずかに残っています。それが天然記念物に指定されている見島牛（みしまうし）や口之島牛（くちのしまうし）です。また、竹の谷蔓牛（たにつるうし）も純血の在来種ではないかと言われています。

ALL ABOUT THE MEAT BUSINESS

3

肉産業で行われる検査

一般的に、牛は生後26か月から30か月飼育されると、体重は７００kg以上になります。牧場から食肉市場へは専用のトラックで運ばれ、出荷されていきます。食肉市場に着くと、生きた状態で外観や歩き方に異常がないか、獣医師である検査員によって生体検査が行われ、その後に血液検査を中心とした解体前の検査が行われます。生体検査や血液検査の結果に異状が確認された場合、その牛は屠畜（とちく）することはできません。

こうして、これらの検査に合格した牛のみが屠畜されますが、解体後の検査として頭部検査、内臓検査、枝肉検査を1頭ごとに行うことになります。解体後の検査は肉眼で行われますが、人間では判断が難しい場合は精密検査を行い総合的に判断します。

検査の結果、病気などによって食用に適さない際、それが全身性の場合は枝肉や内臓はもちろん皮なども廃棄され、それが一部の場合はその部分のみ破棄されます。

ここまでの工程を経て、屠畜後の検査に合格した枝肉は、格付けが行われ、セリにかけられます。


ここで、牛海綿状脳症（BSE）検査について、整理したいと思います。

2001年に日本で初めてBSEに感染した牛が確認されました。その後は、食用として処理される全ての牛を対象に、BSE検査が行われるようになりました。

2001年以降、15年以上BSE検査が行われていますが、その後BSEに感染した牛は確認されていません。そのため、BSEのリスクは大きく低下したと考えられ、2017年にBSE検査は廃止されました。

ただし、東京食肉市場では、生体検査において検査員がBSE検査を必要であると判断した場合のみ、検査が実施されます。


仲卸業者にセリ落とされた枝肉は、仲卸業者の冷蔵庫で寝かされ、飲食店や精肉店へ卸されます。この際に使用されるようになったのが真空パックです。枝肉を解体し、骨を抜いた部位は真空パックで包み込むことになります。

骨を抜いたブロックは真空フィルムを使って真空状態にした後、殺菌を目的としてお湯に一瞬漬けられ、最後に冷却されていきます。

真空パックは牛肉の流通において非常に重要な役割を果たしています。真空パックは、肉の鮮度を保ちながら長期間保存するための方法の1つです。真空パックは、肉を空気から隔離することで酸化や腐敗を防ぎます。肉は酸素と反応しやすいため、鮮度を保つためには酸素を除去する必要があります。

真空パックは、牛肉を包み込んだ袋内の空気を除去し、袋を密封することで酸素を取り除きます。そうすることで、肉の鮮度が長期間保たれます。

真空パックによって酸素がない状態で肉を保存することで、酸化が進まず、風味や食感が損なわれることなく鮮度の維持ができます。

また、真空パックは肉の品質管理にも役立ちます。密封された袋内では、外部の微生物や細菌が侵入できず、衛生的な状態を保つことができます。これにより、牛肉の品質確保につながります。

さらに、真空パックは牛肉の保存効果だけでなく、販売効果にも寄与します。真空パックによって牛肉が鮮度を保ち、見た目も美しくなるので、消費者にとって魅力的な商品となります。

このように真空パックは、牛肉の流通において不可欠なツールであり、鮮度、品質、販売効果の向上に大きく貢献しています。

ALL ABOUT THE MEAT BUSINESS

4 ブランド牛の潮流

日本国内で生産される牛は国産牛に該当します。その中には黒毛和種、褐毛和種、日本短角種、無角和種といった品種が含まれますが、品種だけでなく、枝肉の格付け、飼育方法、産地等によって定義されるものはブランド牛、もしくは銘柄牛と呼ばれます。

例えば、神戸港に立ち寄る外国人に評判で世界的に有名になった神戸ビーフ、昭和10年に開催された日本初の全国レベルの肉牛コンテストで名誉賞を受賞し名前が広まった松阪牛、江戸時代に養生薬（ようじょうやく）の名目で将軍家へ献上されたこともある近江牛などが主なブランド牛です。これら3つのブランド牛は「日本三大和牛」と呼ばれています（神戸ビーフ、松阪牛、米沢牛を日本三大和牛と呼ぶこともあります）。

日本三大和牛を筆頭に、現在の日本にはブランド牛が300種類以上存在しています。それらのブランド牛はどのような違いがあるのでしょうか。代表的なブランド牛の大まかな定義を見ながら、その違いを見ていきましょう。

①松阪牛

黒毛和種の中でも未経産の雌牛であり、三重県中勢地方を中心とした指定地域での肥育期間が最長で最終であること。

②神戸ビーフ

兵庫県産但馬牛の中で、牛脂肪交雑基準（ＢＭＳ）がNo・6（No・1～12でNo・12が最高値）以上であり、枝肉重量が基準値内であること。

③近江牛

黒毛和種であり、滋賀県内での肥育期間が最長であること。

④前沢牛

黒毛和種であり、岩手県奥州市前沢地域での肥育期間が1年以上であり最長で最終であること。また枝肉の格付けはＢ４以上（Ｂ４、Ｂ５、Ａ４、Ａ５）。

⑤仙台牛

黒毛和種であり、宮城県内で肥育され、枝肉の格付けがＡ５もしくはＢ５であること。

⑥山形牛

黒毛和種であり、山形県内での肥育期間が最長で最終であること。枝肉の格付けがC3以上（C3、C4、C5、B3、B4、B5、A3、A4、A5）。

⑦常陸牛

黒毛和種であり、茨木県内での肥育期間が最長で、枝肉の格付けがB4以上であること。

⑧飛騨牛

黒毛和種であり、岐阜県内での肥育期間が最長で14か月以上で、枝肉の格付けがC3以上であること。

⑨宮崎牛

宮崎県で指定された種雄牛の子として宮崎県内で生まれた黒毛和種であり、宮崎県内での肥育期間が最長で、枝肉の格付けがC4以上であること。

⑩佐賀牛

黒毛和種であり、佐賀県内で肥育され、BMSがNo・7以上であること。

こうして代表的なブランド牛の定義を見比べていくと、いくつかのことが分かります。

まずほとんどが黒毛和種ですが、これは肉質の良さから黒毛和種が好まれ、和牛全体の約97％を占めていることを考えると当然と言えます。

また、神戸ビーフや宮崎牛は牛の生まれ（血統）が決められていますが、それ以外のほとんどのブランド牛は黒毛和種であれば生まれを問わないのも特徴です。

そして、良い種雄牛（しゅゆうぎゅう）から生まれた子牛がいれば、全国から肥育農家がその子牛を買いに行きます。結果的に、全国のブランド牛には生まれによる違いがほぼありません。

続いて肥育される場所ですが、ブランド牛ごとにその地域が決められています。気候（暖かい地域、寒い地域、寒暖の差が激しい地域）や水の硬度（軟水か硬水）などによって、肉の味わいが違ってきます。まさにワインのテロワールと同じであり、それぞれのブランド牛らしさを出す重要な要素の1つです。

枝肉の格付けは松阪牛や近江牛のように古くから評価されてきたブランド牛には、条件として入っていませんが、そうでないブランド牛には入っています。これは後発のブランド牛が松阪牛や近江牛といったビッグネームに対抗するために自然と必要だったのかもしれません。

以上のことから、実は気候や水質による違いはあるものの、より肉質に影響の大きな血統などは全国でほとんど差がありません。

また、同じブランド牛でも、飼料や肥育する期間は肥育農家によって違うので、同じブランド牛でもクオリティが一定しないということもあります。

こういった中で最近目立ってきているのが、地域ブランドではなく肥育農家個人のブランド牛です。

例えば、鳥取県にある田村畜産では、肥育農家の苗字を使った田村牛というブランド牛を育てています。全国から血統の良い子牛、しかも雌牛のみを集め、大学と共同研究して開発した特別な飼料を与え、通常よりも長い期間育てることで、全国でも有数のブランド牛として人気になっています。

ALL ABOUT THE MEAT BUSINESS

5 但馬牛という存在

肉ビジネスに興味を持ち、特に和牛を扱うのであれば、絶対に知っておかなければならないブランド牛があります。それが但馬牛です。

但馬牛は兵庫県北部の但馬地方で古来から飼育されていました。但馬牛は体が小さいにもかかわらず力が強く、農耕用や牛車用として重宝されていました。そして、農耕用などの役目を終えた後の但馬牛は、兵庫県内で肥育される神戸ビーフ、三重県で肥育される松阪牛、滋賀県で肥育される近江牛として、その味の良さでも高い評価を得ました。

つまり、日本三大和牛を生み出すベースは、すべて但馬牛が担っているのです。

現在も神戸ビーフは但馬牛であることがブランド牛の定義として定められていますが、松阪牛や近江牛は但馬牛以外の子牛を導入して肥育しても名乗れるようになっています。

ちなみに、松阪牛の中でも但馬牛の子牛を導入して、指定地域で肥育された和牛は「特産松阪牛」と呼ばれ、松阪牛の中でも格別の味わいとして評価されています。

和牛は明治時代に品種改良のために外国種との交配が行われましたが、但馬牛も例外ではありませんでした。

その中でも、肉質の悪化という事態にいち早く対応がなされたのが但馬牛でした。外国種との交配が進むことで、純血種の但馬牛が消滅してしまったと思われましたが、兵庫県美方郡（みかたぐん）の熱田（あつた）集落に外国品種との交配が一切なされていない純血の但馬牛が4頭だけ残っていたのです。

この4頭を元にして、但馬牛を残すことができたのです。

そして昭和になると、田尻号（たじりごう）という但馬牛が生まれました。田尻号は種雄牛（しゅゆうぎゅう）として非常に優秀で、現在の黒毛和牛の99・9％が田尻号の子孫であると言われています。

肉ビジネスという視点でいうと、但馬牛は特別な存在です。品種改良はほとんどの都道府県で行われ、次の視点を重要視して、全国の優秀な血統の交配が県をまたいで進められました。

①成長するスピードが速い
②サシが入りやすい
③体が大きく肉量が多い

しかし、但馬牛は県外の血統を一切交配せず、頑なに但馬牛だけの交配が行われてきました。その結果、但馬牛は味の観点では、通常の黒毛和種（但馬牛以外の血統）とは別物として扱われています。

松阪牛を販売している精肉コーナーでは、松阪牛の個体情報を表示するシールが貼られたりします。

このシールには、品質規格としてＡ５やＡ４といった格付等級が記載されていますが、松阪牛の中でも「特産松阪牛」の場合、この品質規格の欄には格付等級の代わりに「特産」という2文字が記載されています。

つまり、兵庫県産の但馬牛を素牛として肥育した松阪牛である特産松阪牛は、格付等級に関係なく最高ということを意味しています。

では、どうして但馬牛が全国に広がらないのでしょうか。それは肉ビジネスとしては、但馬牛はあまりにもブランド力が高いため、まだブランド力の低い他の牛と交配させると生産効率が悪くなってしまうからです。

日本三大和牛と呼ばれるようなブランド牛は、長い期間をかけて創り上げたブランド力のおかげで、こだわりに見合った価格で取引がなされます。

しかし、ブランド力が弱いブランド牛では、但馬牛を素牛（もとうし）としてしまうと利益が出にくいのです。このため、但馬牛はブランド力があり、こだわりの生産者が多い地域でのみ残されているのです。

ALL ABOUT THE MEAT BUSINESS

6 これからの和牛が向かう道

かつては農耕用に利用されていた和牛は、1962年に肉用牛として改良が始まりました。この改良は「和牛維新」とも呼ばれています。

農耕用に利用される和牛は、その役目から体が大きく鈍重な牛ではなく、小柄でよく働く牛が好まれていました。それが肉用牛になると、重量が大きく、肉質が良い牛を生み出すために和牛改良が行われ、肥育技術の研究も進みました。

和牛改良には種雄牛（しゅゆうぎゅう）と呼ばれる雄牛を中心に行われます。なぜなら和牛、特に黒毛和種は人工授精がほとんどなので、優れた遺伝子の種雄牛がいれば、多くの子孫を確実に残すことができるからです。

遺伝的に優れた種雄牛の子どもを肥育後に屠畜し、枝肉の肉質を評価することで、より良い遺伝子を残せる和牛改良が行われます。こういった研究の成果によって、和牛の重量や脂肪交雑はどんどん改良され、成長速度も早くなりました。
実際に、格付けＡ５の和牛の発生率は、ここ10年ほどでも約2倍になりました。かつては貴重な存在だったＡ５ですが、今は最も一般的な存在となっているのです。

このような和牛改良によって、手頃な価格で和牛が食べられるようになり、外国産の牛肉との差別化にも成功しています。しかし、これまでの和牛改良の結果に対し、懸念事項や課題がないわけではありません。

まず、繁殖農家が種雄牛を選ぶ際に、特定の種雄牛に人気が偏る傾向があります。その結果、上位15頭の種雄牛の子牛で、和牛全体の約60％を占めるほどです。

こうして特定の種雄牛に集中すると、近交係数が上昇してしまい、その影響から子牛の死産や不妊、受胎率の低下、発育不良などが起こりやすくなります。

この状況を変えるためには、補助金を利用して希少系統の種雄牛を残すなど、遺伝的多様性に配慮した和牛改良が求められます。

現在の和牛改良は、経済性を優先しているので、増体や脂肪交雑に傾倒しすぎて、美味しさが置き去りになってしまっているように感じます。

どんな指標にも適度というものは存在します。コーヒーに砂糖を1杯入れるのなら美味しく飲めますが、10杯入れたら甘すぎて飲めません。和牛にも同じことが言えます。霜降りが多ければ多いほど良いという基準は、美味しさとは違った考えなのです。

現在の遺伝子をすぐに昔のものに戻すことはできません。ただ、行き過ぎた改良があるのであれば、適度な状態を未来の和牛の消費者に届けられるよう、過去に戻る努力も必要ではないでしょうか。

とはいえ、あまり深刻に考えすぎる必要もありません。すでに未来の和牛改良では、より持続可能な畜産業を目指す取り組みが進んでいます。

例えば、環境負荷の低減や動物福祉の向上に注力するなど、社会的な要請に応えた改良が求められています。そして、上質な和牛の生産においても、より一層の品質向上や肉質の一貫性を追求することが期待されています。

和牛改良は、品質と生産性の向上だけでなく、環境や動物福祉にも配慮した持続可能な畜産業の実現に向けた重要な取り組みです。日本の和牛は世界的にも高い評価を受けており、今後のさらなる改良に期待が寄せられています。

食肉の歴史

紀元前2万年、フランスのラスコーの壁画には「オーロックス」という牛の祖先を狩る様子が描写され、その頃からすでに牛肉が食べられていたことがわかります。また、紀元前8000年頃には、牛は家畜として飼育されていたようです。

古代エジプトの壁画にも、牛の描写が頻繁に登場します。牛は古代エジプト社会において重要な役割を果たしていた動物であり、その象徴的な存在が壁画に描かれているのです。

古代エジプトでは、牛は農業や食料供給の基盤である牧畜に欠かせない存在でした。牛は農耕や灌漑、運搬などの労働力として利用され、それ以外にも肉やミルク、革などの副産物も提供してくれていました。

このように、牛は豊かさや繁栄、生命力を象徴する存在として崇拝され、壁画に描かれることが多かったのです。例えば、紀元前2330年頃の壁画の中には、すでに牛を解体したり、食べる様子を描写したりしたものもあります。

ただし、現在のように機械がない時代、人間よりも遥かに力のある牛の存在は貴重で、牛を食べる際には年老いて力を発揮できなくなった牛や、怪我で動けなくなった牛などに限られていました。

若く元気な牛を食べることは、自然災害などによる飢饉で重度の食糧難の状況に追い込まれた際などに限られていたようです。そのため、一般的に食べられていた肉と言えば、豚肉や鶏肉、羊肉などでした。

日本における食肉の歴史は、縄文時代から遡ることができます。

縄文時代の人々は、すでに野生の動物を狩猟して肉を摂取していました。獲物としては熊や鹿、猪、狸、ウサギなどが主な肉の源となっていました。縄文時代の遺跡からは、これらの動物の骨が出土しており、当時の食事内容を知ることができます。

また、縄文時代の土器や石器には、狩猟に使用された道具や獲物の処理に関連する痕跡も見つかっています。ただし、縄文時代の人々は、農耕や家畜の飼育を行っていなかったので、肉の供給は限られていました。肉以外には、野山で採取した木の実や漁業によって得た魚介類が摂取されることが多かったそうです。

縄文時代の食事は、地域によっても異なりました。山岳地帯では狩猟が主で、平野部や海岸地域では漁業が盛んでした。このように、縄文時代の日本では、自然環境に応じた肉の摂取が行われていたと考えられています。

古代の日本では、仏教の影響により、肉食が制限されることがありました。仏教では、生命を尊重し、非暴力の考え方が重視されていたので、肉食を控えることが奨励されました。特に、奈良時代から平安時代にかけては、貴族や寺院での肉食が制限され、菜食が中心となりました。

食肉が世間一般に広まってきたのは江戸時代からです。江戸時代には、安価で健康志向の人たちには鶏肉が広く食べられるようになりました。そして、明治時代になると、牛肉や豚肉も一般に食べられるようになりました。

こうして肉食は、栄養補給や体力向上に寄与するとされ、肉料理が日本の食卓に定着していきました。

第2章

キーワードに学ぶ美味しさの世界

Chpater 2 :
The world of deliciousness

ALL ABOUT THE MEAT BUSINESS

1

肉の格付けは味に関係があるのか

「Ａ５ランク」というのは、まさに和牛を象徴するような言葉です。

焼肉好きを中心にこの言葉が世の中に広まった頃、誰もが最高級の肉質を意味するものだと思っていました。今では海外でも、Ａ５という言葉が広まり、和牛の最高峰であると信じられています。

ここでＡ５という言葉について、正しく理解する必要があります。Ａ５を含めた格付けは、食肉関連の公益法人である日本食肉格付協会によって定められました。この格付けは、「歩留等級」と「肉質等級」という2種類の指標から構成されています。

歩留等級…枝肉から得られる部分肉の割合をＡ～Ｃの３段階で評価し、最上位はＡ。

肉質等級…霜降りの度合いを中心に、色沢やきめ等により複合的に１～５の５段階で評価し、最上位は5。

例えば、歩留等級は霜降りと呼ばれる筋肉の中の細かな脂肪ではなく、売り物にならない皮下脂肪の量が多いほど評価が悪くなり（C）、逆に皮下脂肪が少ないと評価が良くなります（A）。

また、和牛のほとんどを占める黒毛和種の場合、約95％がAに評価されています。逆に交雑牛や乳用牛の場合、BやCとして評価される牛が増えてきます。そして、肉質等級を含めた格付け全体では、黒毛和種（去勢）の約60％がA５、約30％がA４に評価されています。

このようにデータを見ていくと、黒毛和種の半分以上は、実はA５に関する和牛という不思議な状況が生まれているのです。

ここで検討したいのは、このようなA５、A４などの肉の格付けは味に関係があるのかどうかです。よく見かける答えは両極端な2つの答えです。

1つはA５の細かなサシがいっぱい入った霜降りの和牛は、サシ由来の柔らかさと甘みがあり、口溶けが最高というもの。もう1つはA5という等級は見た目の脂肪の評価であって、美味しさの評価との関連性はないというものです。

これらはどちらも正しい側面があります。そもそも格付けが定められた頃、A5の牛は本当に美味しいものでした。というのも当時のA5発生率は、現在とは比べものにならないほど低いものでした。

かつては血統の良い牛を選び、良質な飼料を与え、牛にストレスを与えないように大事に肥育すること、つまり、生産者の目利きと技術、手間を惜しまない労力があって、初めてA5の牛になることができました。だからこそ、当時のA5の牛はどれも本当に美味しかったのだと思います。

その後、肉の格付けにおいて決定的な出来事が起こります。

それは、より霜降りになりやすい品種改良が行われ、A5の発生率が上がるテクニックが生まれたことです。そのテクニックが広がり、最もA5発生率が高いのがA5という現在の状況へとつながっていきます。

その結果、かつてのＡ５と現在のＡ５では、そこまでのプロセスや中身がかなり違っています。こうして、「Ａ５の肉であれば美味しい」という証明ではなくなっていきます。

むしろ、脂質が良くない牛の場合、たとえＡ５で霜降りの量が多い肉でも、逆に胃もたれを起こしてしまい、あまり食べられない品種も出てきてしまいます。

食肉市場のセリを見ていると、全体的な傾向としてＡ５ほど高額で取引されているように見えますが、実はＡ４の和牛の方がＡ５よりも高値で競り落とされるケースも起こっています。

なぜこのようなことが起こるかというと、セリに参加する仲卸は、格付けだけではなく、どのくらい肥育したのかという月齢や脂質などの味により関係の強い要素を独自に評価して値段を付けているからです。

2 性別による味の違いはあるのか

松阪牛の定義には、「雌牛（めうし）のみ」という条件があります。全国のブランド牛の中でも雌牛のみというのは非常に珍しいことです。

これから雌牛について説明をしていきますが、これを読めば、なぜ松阪牛が日本一と呼ばれているかがわかるはずです。

私は、世の中には美味しくない牛肉は存在しないものだと思っています。その中でも美味しさを追求していくと、いくつかの重要な要素が存在します。

その1つが性別であり、雄牛（おうし）ではなく雌牛が高く評価されていることです。

雄牛と雌牛は見た目からも、その違いが見て取れます。牛も人間と同じように、雄牛は体が大きく、がっちりとした筋肉質な体形で、肩回りの迫力は雌牛とは比べものになりません。触った感触も、雌牛の方が圧倒的に柔らかさを感じられます。

以上の特徴から、雄牛は子牛の時期に去勢することで、雌牛に近い柔らかさを得ることができます。しかし、去勢したとしても、雌牛に比べて体格はかなり大きいので、肉繊維の繊細さなどは雌牛との違いが生まれてしまいます。

また、去勢していない雄牛を食べると、本来の雄牛には臭みがあると言われています。そこで去勢することで、肉の臭みも感じられなくなったり、性格が大人しくなり、他の牛とケンカしにくくなるというメリットもあります。

雌牛が好まれる最大の特徴として、脂の融点の低さや風味などが挙げられます。

雌牛の脂肪には、人間の体内では作ることのできない必須脂肪酸である「不飽和脂肪酸」の含有量が多く含まれています。去勢した雄牛と比べても、雌牛は脂肪の融点が低く、口の中でとろけるような味わい、それでいてしつこさのない、あっさりとした滑らかさを感じさせてくれます。

このように、食べれば最高に美味しい雌牛ですが、肥育の段階では大変な苦労があります。

雌牛は雄牛に比べて霜降りが入りにくく、性格的にもデリケートで、体格もそこまで大きくはなりません。ここからもわかるように、牛の肥育という観点では雌牛は非常に繊細で難しく、必然的に雌牛を肥育する生産者は技術が要求されるのです。

これはセリの価格にも表れています。枝肉（内臓を取り除き、背骨から2つに切り分けた状態の肉）のセリでは「枝肉重量×単価」が1頭の値段になりますが、去勢牛よりも雌牛の方が単価は高くなるのが一般的です。

しかし、枝肉重量をかけた1頭の値段としては、去勢牛の方が高くなりがちなので、子牛のセリでは雌牛よりも去勢牛の方が高額になるケースもあります。

ちなみに、一般的に牛の生産農家は2種類に分けられます。

1つ目は、母牛に子牛を生ませ、この子牛を8か月ほど飼育して販売する「繁殖農家」です。2つ目は、買った子牛を肥育する「肥育農家」です。

一見、同じように牛を育てているようにも思えますが、繁殖農家と肥育農家はそれぞれ専門性が異なります。一般的には繁殖と肥育は分業ですが、両方を兼ねる一貫農家も存在します。

本項目の冒頭では、ブランド牛の中で雌牛のみと定義している代表例は松阪牛と書きましたが、米沢牛も同じように雌牛のみが条件になります。

米沢牛の場合、かつては雌牛と去勢牛のどちらも米沢牛を名乗れましたが、２０１４年に定義が変更し、雌牛のみとなりました。

地域ブランドは多くの生産者の意見を聞く必要があるので、より厳しい定義への変更は非常に難しいのですが、それを達成させた米沢牛の生産者からは団結とプライドを感じ取れます。

3 経済効率と美味しさのバランス

和牛の美味しさを追求していくと、雌牛というキーワードのほかに「月齢」という言葉が出てきます。

月齢とは、生まれてからどのくらいの期間飼育され、出荷されたのかという意味です。一般的には去勢牛の場合は28か月、成長がゆっくりな雌牛の場合は30か月くらいの期間育てることになります。

和牛は母牛に人工授精（Artificial Insemination、略してＡＩ）させるか、受精卵を他の母牛に移植（Embryo Transfer、略してＥＴ）させて子牛を生ませるのが一般的です。

生まれてから8か月ほどの育成期と呼ばれる期間では、健康で強い体を得ることを目的に飼育されます。繁殖農家で育成期を終えた子牛は素牛（もとうし）と呼ばれ、子牛市場に出荷されていきます。

　このような素牛の導入から出荷まで、肥育農家での管理について一般的な例で説明します。

　肥育期間は前期、中期、後期の3つのステージに分けられます。

　前期は素牛を導入してから14か月齢くらいまで、粗飼料と呼ばれる乾かした牧草などをたくさん与え、その後の濃厚飼料をしっかりと消化吸収できる丈夫で大きな胃を作っていきます。

　前期終了から24か月齢くらいまでを中期として、濃厚飼料と呼ばれるトウモロコシや大豆、麦などを与えていきます。

　濃厚飼料はたんぱく質や炭水化物が豊富で、牛の筋肉量を増やし、筋肉中にはサシが蓄えられます。この期間にビタミンAの摂取量を制限することで、サシはより入りやすくなります。

　さらに、ここから28か月齢の出荷時までを後期と呼び、この期間は無駄な皮下脂肪を落とす調整期となります。

一方、出荷の月齢はいかにして決まるのでしょうか。

子牛は30kg程度の体重で生まれてきますが、そこから飼料を食べて体重が増加していきます。人間には成長期があり、その期間を過ぎると背がほとんど伸びなくなりますが、牛も同じように一定の期間を過ぎると体重の増加スピードが鈍化します。

枝肉の価格は「枝肉重量×単価」なので、単価が同じであれば枝肉重量が重いほど高価格で販売できます。月齢を伸ばすことによるコストと、主に枝肉重量の増加による販売価格の増加の分岐点は、去勢牛の28か月齢であり、雌牛の30か月齢なのです。

ちなみに出荷時には、牛の体重も700kgを超えるようになっています。

ここまで、一般的な和牛の出荷月齢について触れましたが、和牛生産の奥深い世界では、ビジネス上の効率性を無視して美味しさをとことん追求する生産者が存在します。

私のイメージでは、成長期にある牛が食べた飼料は、牛の体を大きくするエネルギーとして使われます。一方、成長期が過ぎた牛が食べた飼料は、体の中にエネルギーとして蓄えられていきます。

だからこそ、これ以上重量は増えないのに、35か月齢や40か月齢までしっかりと飼い込まれた牛は、噛み締めると旨味が口の中で爆発するような衝撃があるのではないでしょうか。

また、長期肥育を行う目的は美味しさの追求にあるので、こうした長期肥育される牛はほぼ雌牛しか見かけません。

美味しさの最高峰を求めた和牛が適正な評価を受け、生産者はこれからもこだわり続けられるように正当な利益が得られることを願っています。私はこんな和牛を食べ続けたいのです。

ALL ABOUT THE MEAT BUSINESS

4

人間の技術が詰まった品種改良

古くから中国地方で和牛の改良に用いられていた系統牛を「蔓牛（つるうし）」と呼びます。蔓牛は能力や体形などの経済性に優れ、それらを子孫に遺伝させる繁殖力も重要となります。

その中でも、岡山県の竹の谷蔓（たけのたにつる）、兵庫県の周助蔓（しゅうすけつる）、広島県の岩倉蔓（いわくらつる）は日本３名蔓と呼ばれ、１８５０年頃からの歴史を持ちます。

竹の谷蔓牛は、蔓牛の中でも日本最古と呼ばれています。明治時代には全国的に在来種と外国の牛との交配が行われましたが、山深い環境と竹の谷蔓牛へのこだわりから、外国の牛との交配を拒みました。

しかし、わずかながら外国の牛との交配が行われてしまうこともありましたが、元の蔓牛の特徴を残す戻し交配を繰り返し行い、現在も竹の谷蔓牛の血統は残されています。

周助蔓は、兵庫県美方郡（みかたぐん）の前田周助（まえだしゅうすけ）という牛飼いによって形成された蔓です。

全国的に在来種と外国の牛との交配が行われた際、兵庫県の但馬牛はいち早く、外国の牛の特徴を淘汰しようとしましたが、兵庫県内にも純血の但馬牛が見当たらなくなっていました。

そんな時に、兵庫県内で純血の但馬牛が4頭だけ見つかり、この4頭はまさしく周助蔓でした。山深い環境によって、奇跡的に純血の但馬牛が残されていたのです。

この奇跡の4頭の中の1頭である「ぬい号」から5代目の牛に「田尻号」がいます。田尻号は現在の但馬牛の祖と言われるだけでなく、全国の黒毛和種の99・9%にその血が引いているほどの名牛でした。

１９６５年頃、日本は高度成長期に入り、和牛は農耕用から肉用牛として役割を変えることになります。ここで重要視されたのは、牛の発育能力と増体能力でした。

また、１９９１年の牛肉輸入自由化に伴い、外国の牛にはない和牛の特徴である、より高いレベルの霜降りが求められるようになりました。

遺伝学をはじめとした科学的なアプローチに基づいて進められた和牛の改良は、「育種価」という指標で評価されます。

育種価には、「枝肉重量」「ロース芯面積」「バラの厚さ」「皮下脂肪厚」「歩留基準値」「脂肪交雑」の6つの形質があります。これらの形質について、次のようなものが好まれています。

枝肉重量：より枝肉重量が大きいもの
ロース芯面積：サーロインやリブロースなど、高級部位が多く取れる大きいもの
バラの厚さ：焼肉店でカルビとして扱われるバラでは、厚みのあるもの
皮下脂肪厚：筋肉中の脂肪と違い、皮下脂肪は薄いもの
歩留基準値：歩留の良いもの
※牛における歩留とは、原料の投入量に対して実際に得られた「可食部」の割合
脂肪交雑：細かな脂肪交雑が多いもの

現在では、農林水産省は農家のコストを下げて競争力を強化するために、肉質や枝肉重量をできるだけ維持しながら、肥育期間を短縮する効率的な生産構造への転換を進めています。

これまでは、26か月齢のような短期の肥育期間では肉質のきめやしまりが悪いと言われていましたが、血統の改良や飼育技術の向上により、枝肉重量や肉質もほとんど変わりがないという研究結果も出てきています。

ALL ABOUT THE MEAT BUSINESS

5 飼料による味の変化

アメリカ産やオーストラリア産の赤身主体の輸入牛を食べる際、味に大きな違いを与えるキーワードがあります。それが「グラスフェッドビーフ」と「グレインフェッドビーフ」です。

グラス（grass）とは牧草のことで、主に牧草を食べさせて飼育した牛の肉をグラスフェッドビーフと呼びます。イメージしやすいのは、広大な牧草地で牛を放牧するスタイルです。ただし、雪などのために牧草を食べることができない季節などは、放牧ではなく牛舎で牧草を与えることもあります。

また、グレイン（grain）とは穀物のことで、主に穀物を食べさせて飼育した牛の肉をグレインフェッドビーフと呼びます。代表的なのは、牛舎で肥育されている黒毛和種などの和牛です。

牧草も穀物も植物ですが、栄養素の観点では違いがあります。どちらも炭水化物やたんぱく質、繊維質などが含まれていますが、牧草は繊維質が、穀物は炭水化物やたんぱく質が多く含まれているのです。

また、グラスフェッドビーフだからと言って穀物を全く食べないわけではなく、グレインフェッドビーフも牧草を飼料として与えられることもあります。牛肉を単純に2つに分けるのは難しく、あくまでもメインとなる飼料で分けられているだけに過ぎません。

アスリートが筋肉量を増やすためにたんぱく質を摂取するように、牛も肉量を増やすためにたんぱく質を必要とします。では、牛はどのようにたんぱく質を吸収しているのでしょうか。

牛には胃が4つあり、1番目の胃を「ルーメン」と呼びます。焼肉店で食べるときにはミノと呼ばれる部位です。

牛が飼料を食べると、そこに含まれるたんぱく質はルーメンの中で微生物によってアンモニアに分解され、さらに菌体たんぱく質へと作り変えられます。この菌体たんぱく質は、4番目の胃（焼肉店ではギアラと呼ばれています）で消化されることでアミノ酸となり、最後は腸から吸収されるのです。ちなみに2つ目はハチノス、3つ目はセンマイと呼びます。

　つまり、牛はルーメンが機能することで、はじめてアミノ酸を吸収できるということです。そして、このルーメンをしっかり機能させるために必要なのが繊維質なのです。

　グレインフェッドビーフとして流通している和牛は、肥育期間の前期に粗飼料である牧草を飼料として与えて、丈夫で大きな胃を作るとすでに説明していますが、グレインフェッドビーフは牧草をメインに飼育するため、グラスフェッドビーフに比べてルーメンが発達しています。この結果、外国産のグレインフェッドビーフのミノは和牛よりも肉厚になるので、焼肉店で人気があります。


　肉質としては、グラスフェッドビーフはグレインフェッドビーフよりもサシが少なく、淡白ですが赤身の味がしっかりと感じられます。また、脂も黄みがかっていて、牧草特有の香りもします。グレインフェッドビーフは柔らかで濃厚な旨味があり、日本人には馴染み深く人気があります。

　もちろん飼料の違いによる味の違いはあるのですが、実際はそれ以上に品種の違いによる味の違いも大きくなるのです。

6 気候と水がブランドを作る

日本は島国ですが、地域ごとに気候の違いがあり、四季を感じられる国です。この特徴によって、地域ごとの特産品が生まれています。

例えば、米どころは良質な米を多く生産する地域を指し、「魚沼産コシヒカリ」が有名な新潟県、「あきたこまち」が有名な秋田県、「ササニシキ」「ひとめぼれ」が有名な宮城県などがあります。

良質な米を生産するには、豊かな水、平らな土地、昼夜の寒暖差、台風の被害に遭いづらいなどが必要な条件です。その結果、米どころの多くは東日本に存在しています。ただし、米は全国47都道府県で生産されていて、その地域にあった品種改良が行われています。

また、同じ品種でも気候や土壌、栽培条件によって、米の味は異なります。まさにワインのテロワールと一緒です。

古来の和牛は肉用牛ではなく、農耕用として扱われてきました。つまり、全国で米が生産されているということは、同時に和牛も全国で飼育されていることを意味します。

そして、米の生産地には上質で豊かな水と、和牛の飼料となる稲わらがあります。こうして、現在は和牛も47都道府県全てで肥育され、地域ごとにブランド牛が存在します。

和牛にもテロノワールは存在します。地域ごとに水質は違いますが、溶解しているミネラルの量によって、水は軟水と硬水に分けられます。私が日本で3本の指に入ると思っている肥育農家では、地域ごとの水質とブランド牛を紐づけて、和牛を肥育する上で水のミネラル量がいかに大事なのかを教えてくれました。

また、以前食べた和牛に感動し、島で和牛を肥育する生産者と話す機会がありました。その生産者が考える、和牛の味わいに最も大事なものは飼料でした。

その島では目の前が海だからこそ、牛の飼料のために牧草地を確保し、牧草から育てているのです。こうして牧草には目の前の海から吹き付ける潮風が当たり、ミネラルを含んだ牧草になるのです。その牧草を与えることで、感動的な旨味の強い和牛が生まれたのです。

水や飼料だけでなく、気候もテロノワールとして重要な要素です。

１日の寒暖差が激しい地域は、美味しい米や野菜の生産だけでなく、牛の身体も引き締まり、肉質が高くなります。また、季節による寒暖差が激しい地域では、夏場はゆったりと過ごし、冬場は厳しい寒さに耐えるために上質な脂を身にまといます。

こうした地域ごとの気候の違いは、畜産業における飼育方法や飼料の供給、疾病管理などにも影響を与えます。

現在、和牛の血統に関しては、一部の地域を除いて差があまりない状況ですが、より地域の特徴のある血統が増えることで、より一層ブランド牛が盛り上がるのではないでしょうか。

牛肉にも旬がある

四季のある日本に住む日本人にとって、食べものに旬があるのは誰もが知るところです。春には筍や貝類、夏にはレタスやアナゴ、秋にはシイタケやハモ、冬には白菜やタラといった具合に、その時期にしか食べられないものや、1年中食べられるけれど特に美味しい時期が存在するものもあります。

鶏肉や豚肉、牛肉は1年中スーパーや精肉店に並び、売っている商品もほぼ変わりません。実は肉にもちゃんと旬があることは意外と知られていませんが、11月から翌年2月くらいまでが牛肉の旬になります。

特に12月はピークと言っても過言ではなく、香りや口の中でどこまでも広がる旨味、そして飲み込んだ後の余韻など、どれをとっても他の時期では味わうことのできない格別な肉が多くなります。昔から私は「師走は借金してでも肉を食え」と推奨しています。

12月は牛肉の旬ということには、ちゃんと理由があります。

理由①　冬場の牛には食欲があるから

牛は寒さには強いのですが、暑さに弱い傾向があります。暑過ぎる時期は人間のように夏バテで食欲が落ち、水ばかり飲んでしまいます。その結果として、夏場の牛肉は風味やコクが物足りないと感じることがあります。

一方、涼しくなると牛も食欲が戻り、しっかりと飼料を食べ、夏場ほど水を飲まなくなります。そうなると肉の旨味がぐっと濃くなり、焼き上げた瞬間に立ち上る香りが他の季節と全然違います。

理由②　質の良い牛が出荷されるから

今では何十頭や何百頭も牛を飼育する牛専業の農家がほとんどですが、かつては牛専業ではなく、米農家などが農耕用などに牛を数頭飼育するような規模でした。

そして、米の収穫がひと段落した時期に、飼っていた牛を持ち寄って品評会を行なっていました。この時の名残で、今でも品評会は11月や12月に行われるので、必然的に良い牛はこの時期に出荷されます。

理由③　年末は牛肉の需要が高くなるから

12月は日頃からお世話になっている方に感謝の気持ちを伝える意味で、お歳暮を贈る習慣や、年末にすき焼きを食べる習慣がある家庭も多いと思います。

そういった需要が大幅に増える時期は価格も上がりやすく、食肉市場でのセリ値も年末は非常に高くなります。需要と供給のバランスもあり、やはり年末はより良い牛が出荷されます。

12月の牛肉は全てが特別かというと、必ずしもそうではありません。正確には、特に美味しい牛肉が多くなるのが12月ということです。

だから私は、普段は大衆的な焼肉店に行くことが多いのですが、12月は高級店を中心に焼肉店やステーキ店を多く回るのです。年に1回しか行けないようなステーキ店にも、必ず12月に行くようにしています。

ぜひ毎年12月は、お財布事情に相談しながらも、思い切って最高の牛肉を食べてほしいです。

第3章

東京食肉市場に学ぶ枝肉流通の世界

Chpater 3 :
The world of carcass distribution

1

国内最大の肉の取引所「芝浦市場」

国内最大の魚市場と言えば、以前であれば築地市場、そして今は豊洲市場が有名です。

一方、食肉市場として国内最大なのは、品川駅の港南口近くの東京都中央卸売市場食肉市場です。肉ビジネスに関わる人の中では、その所在地から「芝浦市場」と呼ばれています。

芝浦市場は昭和41年に開場し、主に牛と豚の枝肉や内臓類を生産する屠畜(とちく)と、これらを取引する市場の2つの部門で成り立っています。

枝肉とは、頭、尻尾、四肢などを切り取り、皮や内臓を取り除いたあとの肉のことです。また、他の屠畜場で屠畜されて、生きた状態ではなく枝肉の状態で芝浦市場に運び込まれる肉もあります。

敷地面積は約64・000平方メートル、東京ドームの約1・4倍の広さがあります。大型冷蔵庫や屠畜解体施設、水処理センターなどがあり、その延床面積は約９４・０００平方メートルにもなります。

芝浦市場には全国からブランド牛やブランド豚が集まってきます。特に、和牛は北関東や東北地方を中心に、北海道から鹿児島まで、上質なブランド牛が上場されます。

生きた状態で、全国からトラックで運び込まれた牛は、係留所で一旦待機して、芝浦市場内の屠畜場で枝肉に処理されます。

芝浦市場では、月曜日から金曜日まで週5日、毎日約３００頭の和牛が屠畜されています。屠畜後は1日間、巨大な冷蔵庫で冷やされ、その翌日にはセリ場でロースの断面を格付けしてから、セリにかけられていきます。

実際のセリでは「セリ値表示装置」を用いて、仲卸業者などの買い手が手元のボタンを押して値段を上げていき、買いたい肉をセリ落とすことができます。

ちなみに、屠畜後に枝肉を冷蔵庫で冷やし込むことで、筋肉の中でサシが目に見える形で現れてきます。ただし、融点の低い和牛の場合、屠畜の翌日では完全にはサシが浮き出てこないことも多く見られます。

生産者としては、もっと冷やし込み時間を長く確保したいと思いますが、屠畜頭数が多い芝浦市場では、冷蔵庫の大きさと屠畜頭数の関係で、1日間の冷やし込みが原則となっています。

屠畜が行われる平日の5日間の中でも、金曜日に屠畜された枝肉は、芝浦市場がお休みの土日もしっかりと冷やし込まれ、月曜日のセリにかけられます。

そのため、生産者の誰もが金曜日に屠畜して翌週のセリにかけられることを望みますが、現状では松阪牛を筆頭に有名ブランド牛が月曜日の市場に並んでいます。

また、海外への和牛の輸出に関しては、全国の食肉市場ごとに輸出できる国が決まっています。その中で、芝浦市場からは平成22年のマカオへの輸出に始まり、現在はマカオ、タイ、ベトナム、ミャンマーなどへの輸出が行われています。

ALL ABOUT THE MEAT BUSINESS

2

枝肉のセリでは何が起こっているのか

東京食肉市場でセリにかけられる枝肉は、生体は大型トラックで、搬入される枝肉は保冷車で運び込まれます。輸送された生体は、食肉市場内の係留所に運ばれ、翌日の屠畜に備えます。

生体の屠畜は早朝から行われ、ここで屠畜された枝肉は冷蔵庫で冷やし込まれます。一晩冷やし込まれて、サシが浮き上がった枝肉は計量され、いよいよセリにかけられます。その際、冷蔵庫からセリの会場に移動する一瞬の間に、並行して食肉格付員による格付けも行われます。

ここからセリに参加する仲卸業者の登場です。セリに参加するには、事前に市場に登録をしている業者であることが必要となります。

セリが始まる前には、仲卸業者はその日セリにかけられる枝肉がずらっと並ぶ冷蔵庫に入り、枝肉の下見をします。枝肉は左半身の第6胸骨と第7胸骨で切り分けられ、ロースの断面を懐中電灯で照らして確認ができます。魚市場の場合、例えばマグロであれば尾の断面を見て目利きを行いますが、理屈はそれと同じです。

仕入れ担当者はそれぞれ独自の経験によって、選ぶポイントが違うでしょうが、和牛を目利きするための代表的なポイントがいくつかあります。

例えば、ロースの断面から肉の色、脂の質、霜降りの程度など、肉の品質を判断するために目視でチェックをしていきます。特に霜降りは、和牛の高品質を示す重要な要素で、上質な和牛の脂には照りと粘りがあります。脂の色も真っ白ではなく、クリーム色の方が良い脂と言われています。

ロースの断面だけでなく、露出しているウチモモの断面から全身の霜降り具合を確認することもあります。ウチモモまで細かなサシが入った状態を「モモ抜けが良い」と呼んで評価します。

ここでご紹介したポイントは、あくまでも目安に過ぎませんが、それ以外に特定の血統や産地、信頼できる牧場や生産者の情報は高品質な和牛を示し、品質の高い和牛を安定して入手できることを意味しています。

目利きの経験と専門知識を持つ仕入れ担当者は、これらのポイントを組み合わせて和牛の品質を評価し、最高品質の和牛を選び出しているのです。

実際にセリが始まると、電光掲示板にはセリの対象となる枝肉の格付けや性別、産地などの情報が表示されます。セリ値表示装置を使い、ボタンを押してより高い価格を提示しながら、最も高い価格を提示した仲卸業者がその枝肉をセリ落とすことができます。仲卸業者は通信端末をポケットの中に入れて、静かに狙った枝肉のボタンを押します。電光掲示板には、その時点でのセリ落とされた価格や買受人の番号が表示されるので、誰がいくらでセリ落としたのかは一目瞭然です。

なかには、雌の上物ばかりをセリ落とす仲卸業者や、格付けが良い去勢ばかりをセリ落とす仲卸業者など、仲卸業者それぞれに好みがあるのも、それぞれが抱えるお客さんの好みを表しています。

3 和牛が高くなる理由

精肉店で販売されている和牛を見ると、鳥や牛と比べて高いと感じる方も多いと思います。ここでは、なぜ和牛が高く販売されているのか、その仕組みについて例を見ながら説明します。

まず黒毛和種の場合、去勢牛と雌牛での違いはありますが、枝肉重量は生きていた時（生体）の重量の約65％になります。例えば、生体での重量が約７００kgとすると、枝肉重量は４５５kgとなります。

食肉市場の枝肉のセリでは、１kg当たりの単価で取引が行われます。時期によって平均単価は変動しますが、有名ブランド牛の平均単価はkg単価３０００円、枝肉重量４５５kgの場合、１頭分の枝肉の価格は、

「３０００円×４５５kg＝１３６万５０００円になります。

ここでkg単価３０００というと、１００g当たりは３００円になります。精肉店で販売されている和牛の価格と比較すると、だいぶ乖離しているように感じますが、ここからが和牛販売のための大事なプロセスが発生します。


まず、セリ落とされたkg単価３０００円の枝肉は、仲卸業者の加工場で骨などを取り除きます。骨などを取り除かれたものは「部分肉」と呼ばれますが、部分肉の重量は枝肉重量の30％程度となるので、今回の場合だと約３２０kgです。これをkg単価にすると約４３００円になります。

部分肉の状態では、余分な脂や筋が多く、これらを消費者に販売できる状態の精肉へさらに加工します。余分な脂や筋を取り除くと、精肉の重量は部分肉の重量の約75％まで減ってしまうので、２４０kgとなります。すると、kg単価は５７００円まで上がってしまいます。

kg単価５７００円で和牛を食べられるのであれば、それほど高いとは感じません。しかし、このkg単価はあくまでも１頭分の精肉の平均単価なのです。

1頭分の精肉には、肩ロースとネック（約15％）、ウデとトウガラシ（約11％）、ブリスケと三角バラ（約11％）、サーロインとリブロース（約11％）、ヒレ（約2・5％）、中バラと外バラ（約19・5％）、ランプとモモ（約26％）、スネ（約4％）が存在します。

高級部位として知られるサーロインやリブロース、ヒレを合計しても、精肉全体のわずか13・5％程度（11％＋2・5％）しか1頭から作れないのです。

一方、ネックやスネなどはそれほど高額な価格では販売できません。高額で販売できる人気の部位と、高額では販売できない部位を、精肉店の裁量で価格差を付け販売しているのです。

また、kg単価5700円はあくまでも原価です。最終的に精肉店などで、サーロインやリブロース、ヒレが販売される際には100g当たり2000円や3000円といった価格になるのです。

品評会などのチャンピオン牛になると、枝肉のkg単価は5000円や6000円に跳ね上がります。ただ、原価が2倍になったからと言って、すべての部位を2倍の価格にしてしまうと、人気のない部位はほとんど売れなくなってしまうのです。

こういったチャンピオン牛などは、人気のない部位は通常とほとんど同じ価格で販売し、人気の部位を2倍以上の価格で販売するなどして、バランスをとったりします。

4

吉澤畜産と上物

焼肉店をはじめとした飲食店が肉を仕入れる際、どんなポイントに気を付けているのでしょうか。

例えば、肉を少量しか扱わないような飲食店では、細かなリクエストにも対応してくれる精肉店から仕入れるのが無難とされています。また、焼肉店などの肉をメインで大量に扱う飲食店の場合、精肉店で仕入れるのも良いですが、卸業者や仲卸業者で仕入れると、中間マージンがかからない分リーズナブルに仕入れることができます。

精肉店や卸業者、仲卸業者には、外国産の牛肉に強いお店、和牛の中でも比較的大衆的なものに強いお店、雌牛などに強いお店といったように、それぞれ得意な品物があります。どんな肉でもオールマイティに強いお店を私は見たことがありません。

つまり、飲食店が扱いたい肉を得意とする仕入れ先を探し出すことが大事と言えるのです。

東京食肉市場の仲卸業者の1つである「吉澤畜産」では、仲卸業だけを行なっていません。グループには、築地で精肉販売を行う「吉澤商店」や、銀座で精肉販売とすき焼き・しゃぶしゃぶ店を営む「吉澤」があります。創業は1924年で、2024年で創業から100年の歴史を迎えます。

吉澤畜産は昔から上物屋と呼ばれ、全国からハイレベルな和牛が集まる東京食肉市場の中でも、じっくり長く飼い込まれた雌牛をセリ落としています。肉質を重視している都内の焼肉店の多くが仕入れている現状からも、吉澤畜産が上物屋である証と言えます。

また、吉澤畜産は和牛の頂点と言われる松阪牛を広めたことでも有名です。吉澤畜産の初代、吉澤一一（かずいち）氏は、三重県などで農耕用としての役目を終えた牛を東京に運び、それを屠畜して商売を始めました。これらは三重県から運ばれたので伊勢牛、伊勢神宮では神牛と呼ばれ、その味の良さが広まりました。

その後、三重県では松阪肉という呼称が生まれ、1958年には松阪肉ブランドの信頼の維持を目的とした松阪肉牛協会が立ち上がりました。松阪肉牛協会の会長は松阪市長が兼任しましたが、副会長は一一氏が務めました。現在も、松阪肉牛協会の会長は現松阪市長が担い、副会長は吉澤畜産の三代目、吉澤直樹氏が務めています。

吉澤畜産が上物屋と呼ばれ続けるのは、積み重ねられた経験による目利きと矜持によります。闇雲に雌牛だけ、松阪牛だけをセリ落とすわけではないということです。融点の低い脂や肉の生地、体形など、雌牛らしい雌牛や松阪牛らしい松阪牛を厳選しているのです。だからこそ、同じブランド牛でも、吉澤畜産から仕入れるものは違うのです。

また、吉澤畜産では、ただ良い牛をセリ落とすだけではありません。牛産者や肉業界が良くなるために吉澤畜産がどうあるべきかを常に念頭に置いています。吉澤直樹氏との会話の中で印象深かったのは、「吉澤が買うべき牛は絶対に買わなくてはいけない」という言葉でした。

ALL ABOUT THE MEAT BUSINESS

5 一頭買いとは何か

焼肉業界が希少部位ブームに沸いていた頃、「A5」という言葉と並んで世の中に広まった言葉に「一頭買い」があります。

他の焼肉店よりも豊富で珍しい部位が味わえて、しかもリーズナブルなイメージがあったので、一頭買いを公言すればお店のPR効果も高めることができました。

一頭買いとは、その名の通り枝肉を1頭丸々仕入れることを言います。また、同じ枝肉(個体)でなくても、部位ごとの精肉を全種類、つまり1頭分仕入れることも一頭買いと呼ばれることがあります。

ただ本来、一頭買いとは枝肉を1頭丸々仕入れることを意味し、特定の部位だけを仕入れることは「パーツ買い」と言います。

一頭買いにもパーツ買いの特徴について「価格」「部位」「肉質」の3つの観点からお伝え

します。

■価格

パーツ買いで1頭分の全種類を仕入れるよりも、一頭買いの方が一般的に仕入れ値は低く抑えられます。仲卸業者が牛1頭をパーツごとに販売する場合、売れ残りが発生するリスクがあるため、少し割高な価格でパーツを販売することが多いからです。

ただし、真空パックや冷蔵の技術が上がった現在では、以前よりも肉の品質維持が容易になり、価格の差は小さくなってきています。

■豊富な部位

牛1頭には様々な部位があります。特性が違うそれぞれの部位を扱うには技術と経験、知識が求められます。逆に、技術的に問題がなければ、一頭買いではこういった豊富な部位をメニューに加えることができます。

また、人気のある部位や、1頭から取れる肉の量が極めて少ない部位は、先に売れてしまいます。これらをバランスよく使うためにも、豊富な経験と知識が必要になるわけです。

■好みの肉質

パーツ買いの場合、必要な部位を卸業者が選んで届けてもらうのが一般的ですが、一頭買いの場合は卸業者の冷蔵庫に吊るされている枝肉の中から、好みの枝肉を選ぶことができます。

特に、一頭買いでは、パーツ（精肉）に分割される前の状態で選別できるため、より選択肢が多く、より良い個体を選びやすくなります。肉質をウリにするような高級店では、1頭を余すことなく使い切れるかどうかが、素材選びの重要な要素になります。

これらの特徴は、一頭買いで仕入れる焼肉店が、パーツ買いで仕入れる焼肉店より優れていると言いたいわけではありません。焼肉店ごとにあった方法を見つけ、仕入れを行うことが大事です。

例えば、ある程度量をさばける大きさの焼肉店であれば、一頭買いをベースにしながら、足りない部位をパーツ買いする仕入れ方法が理想的と言えるということです。

6

良い肉を定義する要素

仲卸業者、精肉店といった肉屋や生産者と話す機会があると、最初から最後まで終始、肉の話をしてしまいます。その中で頻繁に出てくる言葉が「良い肉」です。「この肉は良かった」「あの肉は良くなかった」などと話が盛り上がりますが、いまいち話が理解できないこともあります。そして実は、話している立場によって、その意味が違う場合が多いことに驚かされます。

まず、消費者にとって、良い肉というのは当然ですが「美味しい肉」のことです。もちろん、値段であったり、希少な部位を食べることのできた満足感だったりもありますが、美味しさが第一なのは間違いないでしょう。

消費者以外の飲食店や仲卸業者（精肉店）、生産者も美味しさを大事にしているのは間違いありません。しかし、美味しさ以外にも良い肉を定義する要素があります。

例えば焼肉店の場合、「扱いやすさ」も良い肉の要素になります。もしくは、切りやすさと言っても良いかもしれません。

雌牛の場合は脂の融点が低いので、肉そのものも柔らかいのですが、薄切りにする際には柔らかすぎて切りにくいと言われることがあります。

そういったお店では、去勢牛の方が切りやすく、良い肉と感じられるかもしれません。美味しさと相反する、扱いやすさという要素がそこにあるのです。

また仲卸業者や精肉店では、熟練の目利きは「体形」も気にします。

牛は胴長のものもいれば、寸詰まった体形のものもいます。胴長で首の部分が長いよりも、寸詰まっている枝肉の方が、高級な部位のロース（リブロースやサーロイン）が割合として多く取れるので、結果としてビジネスとして利益をより多く出すことができます。

体形は味には全く関係がないのに、こういった枝肉は良い肉として扱われるのです。

では、肥育農家にとっての良い牛とは何でしょうか。それは、しっかりと細かなサシが入っていたり、体が早く成熟し、より大きくなったりするものも良い牛と言えます。肥育農家はA5ランクの牛を育てることを目指す一方で、食べる側からすると、A4やA3だとサシが少ないという意見は聞いたことがありません。

ほかにも、牛は鳥や豚よりも長い期間の飼育が必要なので、「病気になりにくい丈夫さ」も良い牛の条件になります。

このように、良い肉と一言で言っても、「美味しさ」「扱いやすさ」「体形」「サシが入っている」など、立場によって全く違う場合があるのです。

このように定義のバラつきができるのではなく、生産者から消費者まで良い肉の定義が一貫すると、美味しい肉がもっと増えていくのではないでしょうか。

セリを通さない「相対」という文化

一般的な牛肉取引は、セリ取引と相対取引の2種類があります。

セリ取引とは、現物である枝肉を見て、複数の買い手の中で最高値を申し出た買い手との間で取引が成立します。一方、相対取引とは、買い手と農家が一対一で値段を決めて取引が成立します。

日本国内では、かつては家畜商による相対取引が中心でしたが、次第にセリ取引へと移行していきました。多くの買い手がセリに参加することで、評価の高い牛肉はより高い価格で取引されるようになり、公正かつ効率的な売買取引が確保されたのです。

しかし、「セリには良いことしかないのか？」と問われると、私はそうではないと考えています。

私は毎日牛肉を食べていますが、それは仕事ではなく牛肉が大好きだからです。私の場合、牛肉の価値は美味しさこそが最優先事項なのです。

では生産者はどうでしょうか。当然ですが、農家は仕事として牛を肥育して出荷しています。そして、セリの価格は自分が行った仕事に対する評価です。つまり、セリでの価格が１円でも高いことが重要になってきます。

こうなると、どんな農家でもサシの存在を完全に無視することはできなくなるのではないでしょうか。なぜなら、現在のマーケットでは、サシ以外が全く同じ条件であれば、サシが入っていないよりも入っている方が価格は高くなりやすいからです。

つまり、どうしても霜降りを肯定せざるを得ず、美味しい牛に育てるという目的の中に１％でもサシを入れるという目的が混じってしまう気がするのです。

私が毎年３００日以上和牛を食べる生活を続ける中で、トップ３の和牛を挙げると、全てセリ取引ではなく相対取引によって取引されているものでした。それらの牛肉は、生産者と飲食店（精肉店）が強固な信頼関係で結ばれることで、サシが多くても少なくても関係なく、利益の出る価格で取引が行われているからです。

これは決してセリ取引よりも相対取引の方が優れていると言いたいわけではあ

りません。ただ、究極の美味しさを追求するのだとしたら、相対取引でないと継続的に需要と供給のバランスをとれないということです。

また、全ての屠畜場ではありませんが、一部では相対取引で屠畜した牛の内臓類を生産者が買い戻せることがあるようです。

一般的には枝肉と内臓類は流通が異なるため、全国的に内臓類は生産者が買い戻すことができないのですが、私が知る限りでも地方の屠畜場では何か所かは生産者の買い戻しができています。

「生産者指定で枝肉を食べられる飲食店でも、内臓類は指定できない」というのが牛肉業界の常識ですが、こういった特別な例があるのは消費者にとっては嬉しい限りです。

第4章

美味しさの視点から学ぶ鮮度の世界

Chpater 4 :
The world of meat freshness

1

「冷凍肉は美味しくない」は本当なのか

2008年にスタートした「ふるさと納税」は、年々右肩上がりに受入額が増加し、2022年度には9600億円を超え、1兆円に迫る勢いです。

なかでも肉は人気の返礼品ですが、特に地域ごとのブランド牛を日本のどこにいても選べる点が魅力の1つとなっています。

ふるさと納税の返礼品で肉を選ぶと、冷蔵ものはほとんどなく、基本的には冷凍ものが自宅に届くことに気がつきます。その理由は、肉は生鮮食品なので、長距離の配送で時間が経つと品質は劣化しますが、冷凍すれば鮮度を長期間保てるからです。

さらに、肉を冷凍すると長期保存が可能になります。特にふるさと納税では、発送者が自分の都合に合わせて商品を発送できる点でも、冷凍が適していると言えます。

このようにふるさと納税の返礼品で提供される肉は、品質と利便性を両立させるために冷凍の手段を使っているのです。

肉に限らず、食品を冷凍することにマイナスなイメージを持たれている方もいるかもしれません。

事実、冷凍された肉には品質の劣化が起こる可能性が考えられます。冷凍することで肉の組織が変化し、風味や食感が損なわれてしまうのです。

また、解凍の際には「ドリップ」と呼ばれる水分の損失が起こり、肉の乾燥やパサつきの原因となる場合もあります。冷凍保存中は細菌の成長が抑制されますが、解凍後に再び増殖する可能性も考えられます。

だからこそ、冷凍肉を受け取ったり購入した際には、賞味期限や品質に注意し、適切な保存方法を守ること、そして解凍後は早めに調理し、食材の鮮度を保つことが大切になります。

ただ近年では、冷凍による肉の品質劣化を考慮する必要性も低くなりました。冷凍技術の進歩によって、肉の品質を保ちながら長期保存できるようになったからです。

従来の冷凍技術では、急速冷凍や真空パックなどの方法が一般的でしたが、これらは品質の低下や風味の損失を引き起こす懸念がありました。しかし、最新の冷凍技術では、品質と鮮度をより長く維持できるように改善されています。

また、冷凍技術と同じくらい大事なのが解凍方法です。冷凍肉を上手に解凍するポイントは、低温で時間をかけることに尽きます。ゆっくり解凍することで、細胞が破壊されず、ドリップの防止にもつながります。

低温で時間をかけて解凍する方法は、高度な技術もなく、決して難しくありません。冷凍庫から冷蔵庫に移すだけで、上手に解凍ができます。

ただし、肉の大きさによって解凍するまでの時間が変わるので、例えばステーキ用の肉であれば、12時間程度冷蔵庫に入れておく必要があります。

ALL ABOUT THE MEAT BUSINESS

2

冷凍技術の進化

冷凍技術の進化によって、肉を急速かつ均一に凍結できるようになりました。

通常の冷凍では、肉の周りから冷凍されることで、水分が徐々に氷の結晶になりますが、その際に体積が膨張し、肉の細胞膜を傷つけてしまいます。肉を解凍する際には、この細胞膜の傷からドリップが流れ出ていきます。

そこで進んだのが急速冷凍です。この技術によって、氷の結晶を小さく抑え、凍結中の細胞の損傷を防げるようになり、解凍後の肉の質を保つことができます。

また、冷凍技術の進化によって、冷凍後の肉の保存期間が延びました。昔は数か月程度が限界でしたが、現在では1年以上もの間、品質を劣化させることなく保存が可能となりました。これは、冷凍庫の温度管理や密閉性の向上によるものです。

急速冷凍後、肉が劣化しないように保存するには、包装も重要な要素となります。

肉の保存中には、いわゆる「冷凍焼け」という劣化現象に注意が必要です。これは肉の表面から水分が蒸発、乾燥して、肉が酸化してしまうことです。

冷凍焼けを防ぐには、ラップなどを使って肉に密着させて包装を行い、真空包装機でパウチします。また、冷凍焼けを防ぐには、冷凍庫の温度を低めに設定することも重要です。冷凍庫を開け閉めすると、冷凍庫内の温度が上下し、肉の水分が蒸発しやすくなりますが、温度を低く設定すれば冷凍庫内の温度変化を減らすことができます。

冷凍技術の進化として、最もポピュラーなものは先ほども触れた急速冷凍です。急速冷凍は、食品に対してマイナス30℃からマイナス40℃の冷風を吹きかけ、一気に凍結させる方法です。

ほかにも、特殊冷凍という、食品をマイナス35℃ほどの冷却されたアルコール浴槽の中に入れて凍結させる方法もあります。液体は空気よりも約20倍熱伝導率が高いため、食品を急速に凍結できるという技術です。

そして、マイナス196℃の液体窒素を直接吹きかける特殊冷凍もありますが、これは大量の食品を一度に冷凍加工する際に有効な手段です。

また、冷凍技術のさらなる進化の1つに、CAS（Cells Alive System）冷凍があります。

このＣＡＳ冷凍の技術によって、食品の味、香り、鮮度を保ち、限りなく解凍前の状態、作りたてに近い状態にできるようになりました。

水が凍結するときは、小さな氷のかけらや不純物を核にして、その周りの水分子がくっつくことで形成されます。逆に、核となる氷のかけらや不純物がなければ、たとえ温度を0℃以下にしても水は氷になりません。この現象を「過冷却」といいます。

ＣＡＳ冷凍では、この過冷却の状態を活かし、食品の水分を過冷却状態のまま十分に温度を下げ、小さな衝撃を与えることで一気に凍らせていきます。

この一瞬で出来上がる氷は、大きく形成された結晶ではなく、微小な氷の集まりなので、細胞膜を傷つけずに冷凍状態にできます。

ALL ABOUT THE MEAT BUSINESS

3 熟成の世界

ここ数年、「熟成肉」を専門に扱う飲食店が見られるようになりました。牛肉の熟成とは、時間の経過とともに酵素の働きによって牛肉の組織が変化することを指します。

熟成によって起こる変化は、①肉が柔らかくなる、②「熟成香」と呼ばれる特殊な香りが生まれる、③たんぱく質がアミノ酸に分解されて旨味が生まれる、と3つあります。


牛肉は屠畜後に死後硬直が始まっていきますが、時間の経過とともに死後硬直が解除され、たんぱく質の分解酵素「プロテアーゼ」が働き、肉のたんぱく質を分解します。これによって繊維が緩むことで、肉が柔らかくなります。

また、肉の中に存在する酵素も働き、たんぱく質の結合を切断することで、肉の柔らかさが増していきます。

さらに、たんぱく質が分解されてアミノ酸が増加すると、熟成前とは違った香りや風味も発生し、肉の味わいが豊かになります。熟成によって生じる香りは、加熱をするとさらに力強さを増します。

牛肉の熟成にとって重要な要素は、温度と湿度の管理です。

適切な温度と湿度を維持することで、酵素の働きを最適化し、肉の品質は向上できます。最終的な熟成期間は、希望する味や食感によって調整が必要になります。

一般的には、数週間から数か月間の熟成を行いますが、熟成の期間が長ければ長いほど、より深い風味と柔らかさが生まれます。

ここまで、肉の熟成に関する概要をお伝えしてきましたが、ここからはいくつかの補足事項もお伝えします。

まず、熟成は「たんぱく質がアミノ酸に分解する変化」を指していますが、和牛の特徴でもある「脂」には熟成が起きないということです。

熟成が盛んなヨーロッパの牛はほとんどサシの入らない肉質なので、熟成による変化が非常に大きくなります。一方で脂が多い和牛、特にA５和牛の場合、脂の含有率が高いので、熟成による変化が起こる部分が少なくなるという特徴があるのです。

実は、熟成に関する基準は明確には定められていません。冷蔵庫で数日寝かせた牛肉から、経験を積んだ業者が整備された環境で数か月寝かせた牛肉まで、同じ「熟成肉」として扱われることもあります。

つまり、仲卸業者や販売業者が、独自の判断で熟成した牛肉を飲食店などに販売しているのが実情なのです。

その結果、私たち消費者は熟成香があまり感じられない牛肉や、熟成ではなく腐敗しているような牛肉などを熟成肉として食べていることもあるのかもしれません。

2024年現在、熟成肉は赤身ブームの影響から人気がありますが、熟成と腐敗は背中合わせとも言えることを忘れてはいけません。美味しく食べるために行った熟成が、危険な食べ物を生み出してしまっている可能性もあります。

だからこそ、熟成に関しては、衛生面に十分に注意する必要があるのです。

このように、熟成には専門的な知識と設備が必要なので、自宅の冷蔵庫で熟成させるのは難しく、自分で作ろうとしない方が良いと言えます。熟成肉は、実際に熟成された牛肉を扱う専門の精肉店や飲食店で食べるのがおすすめです。

ALL ABOUT THE MEAT BUSINESS

4 ―― ドライエイジング

先ほどは牛肉の熟成の仕組みについて書きましたが、一言で熟成と言っても、その熟成方法はいくつかあります。それぞれに明確な定義が定められているわけではないので、あくまでも代表的とされる熟成方法を3つ説明します。

①ドライエイジング

ドライエイジングとは、肉を真空パックせず、枝肉もしくはある程度大きなパーツのまま、一定の温度と湿度を保った環境で寝かせることで、菌類の働きによって熟成させる方法です。

そもそもドライエイジングは、冷蔵庫がない時代に、肉を涼しい洞窟や地下倉庫などに吊るして保存していたことが起源と言われています。アメリカでは、アンガス牛などの中でもハイグレードな肉をドライエイジングし、高級ステーキ店などで扱われています。

この熟成方法では、温度は肉が凍らず、腐敗しない温度帯として0～1℃、湿度は70～80％程の範囲で調整されます。また、扇風機などを使用して、熟成庫内の空気を循環させることもあります。こうして熟成されると、肉の表面から水分が蒸発して旨味が凝縮され、酵素の働きによって肉は柔らかくなっていきます。

ドライエイジングの熟成期間は、通常数週間から数か月間で行われます。順調に進行すると、肉の表面にはふさふさとした白い綿のようなカビで覆われ、肉の風味や食感へつながる独特の変化を遂げます。

熟成中は、衛生管理や肉の品質管理が重要で、定期的な検査や管理、品質が保たれるように注意を払っていきます。ドライエイジングは設備や熟成を見極める人の経験値なども欠かせないので、難易度が高い熟成方法と言えるでしょう。

②枯らし熟成

枯らし熟成はドライエイジングに似ていますが、日本で伝統的に行われてきた熟成方法です。

枝肉を一定の温度と湿度を保った環境の中で、通常、数週間から数か月の間、熟成を行なっていきます。吊るして寝かすと水分が抜け、旨味が増します。また、香りはドライエイジングのような熟成香ではなく、和牛本来の香りである和牛香がしっかりと残ります。

かつての日本では、当たり前のように行われてきた枯らし熟成ですが、真空パックの普及によるコスト問題や品種改良によって、以前よりも和牛全体が柔らかくなったことなどが影響し、現在はあまり見られない熟成方法になりました。

③ウェットエイジング

ウェットエイジングでは、枝肉を部位ごとに分割して真空パックに密封し、真空パックの状態で温度を管理しながら冷蔵庫内で熟成させます。

本来、ウェットエイジングは熟成というより、肉を輸送する際に保存性を高めることを目的として使用された方法でした。

真空パックによって水分の蒸発が抑えられ、肉の表面は乾燥しづらくなるので、ドライエイジングに比べてロスが少なくなります。また、真空パックによって空気に触れないため、熟成の進行もドライエイジングと比較すると緩やかです。

ウェットエイジングを行なっても肉は柔らかくなりますが、旨味や熟成香に関してはドライエイジングほどの変化はあまり見られません。

ALL ABOUT THE MEAT BUSINESS

5

鮮度が良い精肉の味わい

そもそも、なぜ牛肉の熟成は生まれたのでしょうか。

現在のように食肉市場が存在していなかった時代、馬喰(ばくろう)と呼ばれる牛や馬の売買を行う職業がありました。馬喰は農耕用に働く若い牛を農家に持って行ったり、逆に農耕用としては歳を取り過ぎた牛を引き取ったりして売買を行なっていました。

この時代は、今のように若い牛を食べる機会はなく、歳を取った牛を食用としていましたが、農耕用として働く牛の筋肉は硬く、屠畜してすぐ食べることはできないので、熟成させて肉が柔らかくなるまで冷蔵庫に吊るしていました。これが枯らし熟成です。枯らし熟成によって柔らかくなった牛肉は、表面が渇き、見た目のフレッシュさは感じられませんでした。これが「肉は腐りかけが美味しい」と言われていた所以です。

しかし、現在の牛は農耕用ではなく肥育された牛で、そこまで歳を取っていないので、熟成をしなくても死後硬直さえ解ければ、十分に柔らかい肉になっているのです。

熟成についての様々な研究結果を見ると、熟成によってたんぱく質がアミノ酸に分解され、旨味に関係するアミノ酸が熟成前に比べて何倍にも増えるという記述があります。

しかし、今まで年間３００日以上牛肉を食べる生活を20年続けてきた中で、私もかなり熟成肉を食べてきましたし、熟成で有名なお店の肉もそれなりに食べてきました。

しかし、その中で「旨味が強い」と感じる肉にはほとんど出会ったことがありません。年に数回出会う、飛び上がるような美味しさを放つ牛肉の旨味に、熟成肉はおよびませんでした。

たとえ研究ではアミノ酸が何倍に増えるという結果があったとしても、私の舌では旨味が強くなっていると感じられませんでした。

京都の桂に「くいしんぼー山中」というステーキ店があります。銀座にある炉窯炭火焼きのステーキ店でも、デートで使いたいおしゃれな鉄板焼きでもなく、昔ながらのステーキハウスといったお店です。

「くいしんぼー山中」で扱う肉は、滋賀県のマルキ牧場で肥育された近江牛ですが、普通とは一味違い、兵庫県産但馬牛を素牛として38か月齢までじっくりと肥育した特別な近江牛です。

しかも、マルキ牧場の近江牛は主に自社の精肉店と「くいしんぼー山中」で使われるので、1頭もセリに出されることも、ビタミンコントロールをしてサシを入れる必要もなく、100%美味しさのみを追求して肥育されているのです。「くいしんぼー山中」の店主・山中さんは、「牛肉はフレッシュなほど美味しい」とコメントを残しています。

牛を屠畜して冷蔵庫で冷やし込む期間は最短で2日。「くいしんぼー山中」では、運がよければ屠畜してあまり時間の経っていない状態のステーキが食べられます。

その味わいは、適度な弾力があり、噛むごとに凝縮したジュースのような旨味が放たれます。香りも和牛特有の甘みを感じられて、脂はしつこさが皆無、すっきりと軽やかです。これこそが、熟成ではなく、成熟した牛の美味しさだと私は思っています。

熟成肉とフレッシュな肉を比べると、個人的な感想ですが、次のように感じられます。牛肉を味わう際に、ご自身の感覚と比べてみると、より食事が楽しくなると思います。

①旨味

成熟した牛の場合、フレッシュな状態でも旨味が強く、熟成が進むと深みとも雑味とも取れ、味わいが変わっていきます。成熟していない牛の場合は、フレッシュな状態では淡白な味わいで、熟成が進むと成熟した牛の熟成肉に近づいていくように感じます。

②脂質

フレッシュな状態では甘みを感じやすいですが、熟成が進むにつれて、融点が下がることで、脂の重たさを感じやすくなります。

③香り

フレッシュな状態でも和牛独特の和牛香が感じられます。しばらくは和牛香が続きますが、熟成が進むとナッシュ臭のような独特の熟成香に変わってきます。

④柔らかさ

フレッシュな状態から熟成が進むほどに柔らかさが増します。

ALL ABOUT THE MEAT BUSINESS

6

なぜホルモンは鮮度が大事なのか

ここまで正肉の熟成についてお伝えしてきましたが、その中でも内臓類は正肉とは全く違った扱いが必要とされます。正肉の熟成には技術や経験、設備が必要となり、失敗すれば肉は腐敗しますが、内臓類には基本的には熟成という考えは存在しません。

内臓は主にお腹の中に入っている臓器なので、筋肉である正肉よりも血液が多く、血液が酸化し腐敗しやすくなります。また、正肉にはありませんが、消化器系である内臓には細菌がいるので、それらの細菌が繁殖することで腐敗しやすくなります。

また、コプチャン（小腸）やシマチョウ（大腸）、ギアラ（胃）などは酵素によって自己消化が起こるので、それも腐敗を早める要因となります。

鮮度の悪くなった内臓類は、変色して臭みが出てきます。コプチャンやシマチョウなどは、鮮度が良い状態ではピンク色や白色をしていますが、鮮度が悪くなると茶色や黒色っぽく変色したり、ぬめりが出たりもします。

このように、内臓類は寝かせることで旨味や風味が増すというより、臭みが出て腐敗が始まってしまうので、必ず鮮度の良い状態で食べる必要があります。

私の場合、初めて訪れる焼肉店でホルモンを食べる際、正肉よりも鮮度の重要なホルモンは一気にオーダーはしません。まず1～2種類を食べて、鮮度や味が良ければ追加でオーダーするようにしています。

鮮度の良いホルモンには、艶やかなピンク色や、脂は綿のように真っ白になるので、見た目で鮮度を判断できる部分があります。

実際に食べてみると一目瞭然ですが、鮮度の良いホルモンは臭みがないだけでなく、肉自体の香りや味わいがあり、焼いた際にも旨味や香りを引き出すことができます。

また、鮮度の良いホルモンは、焼くことでプリプリとした食感や心地良い歯切れを楽しめることも特徴です。反対に、鮮度の悪いホルモンは、柔らかさや食感が損なわれてしまっています。

ここまでのご説明でもおわかりのように、内臓部位のホルモンは衛生管理が重要です。鮮度の悪いホルモンは、微生物の繁殖や細菌の増殖のリスクが高まってしまうので、食材の鮮度を保てば、食品安全面でのリスクが軽減できます。

ホルモンは栄養価が高い食材の1つで、ビタミンやミネラル、タンパク質を豊富に含んでいます。その栄養価も、鮮度が悪ければ低下する可能性もあります。

繰り返しになりますが、ホルモンは鮮度が命です。新鮮なホルモンは、風味や食感を最大限に味わえるだけでなく、衛生面や健康面にも配慮した食事につながる食材とも言えるのです。

冷凍牛肉補助金

新型コロナウイルスの流行によって、牛肉業界は様々なダメージを受けました。ここでは、その影響をいくつか挙げていきます。

①需要の減少

飲食店の休業や営業時間の短縮、外出自粛要請などにより、牛肉の需要が減少しました。特に、高級な焼肉やステーキレストランなどの需要の落ち込みは大きなものでした。

②インバウンドの減少

ここ数年は観光業界も大きな打撃を受けました。その結果、インバウンドによる牛肉の需要も減少しました。

③物流と供給の問題

物流や輸送に制約が生じたことで、牛肉の供給に遅れや問題が発生しました。一部の畜産業者は労働力不足に直面し、牛肉の生産に支障をきたすことになりました。

④レストランや飲食店の閉業

一部のレストランや飲食店では、閉業または廃業も増えました。これにより、牛肉を供給していた業者にとっては大きな打撃となりました。

⑤輸出の減少

日本の牛肉業界は輸出市場にも依存していますが、国際的な物流の制約や需要の減少により、輸出も減少しました。

このように、新型コロナウイルスの影響で、農業や畜産業界は大きな打撃を受けたことがわかります。その結果、和牛の需要が低下したことで、卸業者は在庫を多く抱え、価格が大幅に下落しました。これにより、牛の出荷を見送る生産農家も出てきて、大きな問題となりました。

このような状況の中、農畜産業振興機構が行う「和牛肉保管在庫支援緊急対策事業」は、和牛に関わる生産農家や卸業者への支援策を行っています。

この支援策では、冷凍の和牛肉の需要を促進し、生産農家や卸業者に対する経済的支援の提供を目的としています。具体的には次のような支援を行い、卸業者が冷凍の和牛肉を市場に供給する際に、一定の金額を補助金として支給しています。

①在庫保管費用の補助

生産業者が保管している和牛肉の在庫に対して、一定期間の保管費用が補助されます。これにより、在庫の維持にかかる費用の軽減ができます。

②販売促進活動の支援

和牛肉の需要を喚起するために、販売促進活動を実施しています。例えば、特別なキャンペーンやプロモーションの実施、情報発信の支援などが含まれます。

③推進指導

本事業の円滑な推進のために行う指導、調査などに要する費用が補助されます。

こうした補助金制度は、和牛の生産農家や卸業者にとって助けとなり、市場の活性化や経済の回復にも寄与しました。

YouTubeで一時期話題になった芸人の方の焼肉店では、オープン前にすき焼きの通信販売をしていましたが、和牛の肩ロースやリブロースを使っているにもかかわらず、恐ろしくリーズナブルな価格で提供されていました。

販売時に説明はなかったのですが、これも和牛肉保管在庫支援緊急対策事業で補助金の対象となった牛肉を使用することで、可能になった価格だったようです。

第5章

カルビとロースに学ぶ焼肉の世界

Chpater 5 :

The world of yakiniku

1 ―― カルビとロースはどこの部位か

焼肉では希少部位ブームと共に、様々な部位が広く知られるようになりましたが、定番メニューと言えるのは依然としてカルビとロースだと思います。では、そのカルビとロースはどこの部位かご存じでしょうか。

カルビとは韓国語で「あばら骨と、その周辺の肉」を意味しています。つまり、日本名では大きく肩バラや友バラと呼ばれ、細かな部位名で言うと、ブリスケ、三角バラ、フランク（ササミ）、カイノミ、タテバラなどが含まれます。

これらの部位は、基本的に脂がしっかり付いた部位が多くなります。特に三角バラは、細かなサシが散りばめられた芸術的な霜降りの部位で、特上カルビといった具合に、カルビの中でも最上位の部位として扱われています。

ところが、日本の焼肉店ではカルビの定義である「あばら骨と、その周辺の肉」以外でも、脂が付いている部位をカルビとして提供している場合があります。日本の焼肉店では、脂のついた部位をカルビとして提供することが伝統的に行われてきたのです。

続いてロースとは「背中の肉」のことです。肩ロース、リブロース、サーロインの3部位は背中にある1本の肉ですが、これを切り分けてそれぞれの部位として名前がつけられています。

これらの部位をさらに細分化すると、ロース芯（リブロース、サーロイン）、巻き、エンピツ、カブリといった呼ばれ方をします。もちろん、これらの部位をロースとして提供している焼肉店はありますが、カルビと同じように、実はこれらの部位以外をロースとしている焼肉店は非常に多く見られます。

カルビが脂のついた部位として認知されてきた中で、ロースは脂が少ない部位として認知されてきました。背中の肉はご存じの通り、代表的な霜降りの部位です。日本の焼肉店では、伝統的に脂の少ないカメノコやシンシンといったモモの部位やランプをロースとして扱うお店が多いのです。

ここまでを整理すると、精肉店ではカルビと言えばバラと呼ばれるあばら骨周辺の肉を指し、ロースと言えば背中の肉を指しますが、焼肉店ではカルビは脂のついた部位を指し、ロースは脂のついていない部位を指すケースもあるということです。

これは食品偽装といった物々しいものではなく、古くから焼肉店で行われていた慣習でもあります。実際にカルビの場合、霜降りであるサーロインやリブロース、ザブトンなどをカルビとして提供している焼肉店を見かけます。これらの部位はあばら周辺の部位よりも遥かに高級なので、食品偽装が目的であれば辻褄が合いません。

この逆として、ロースの場合は、サーロインやリブロースを期待して注文をしたところ、赤身の安価な部位が出てくるケースがあります。このため、消費者庁が全国焼肉協会に対して、モモやランプをロースとして表示するのは「景品表示法違反」に当たるとして、表示の改善要請をしています。

しかし、全ての焼肉店で表示改善が行われたかというと、そうではないように見受けられます。

誤解を生まないための正しい表示と、伝統的に扱われてきた名称の整理が、消費者に向けて行われることは望ましいのです。

ALL ABOUT THE MEAT BUSINESS

2 焼肉ブームの流れ

焼肉の起源は、1946年頃にオープンした「明月館（東京都新宿区）」と、「食道園（大阪府大阪市）」だと一般的に言われています。

しかし、焼肉の起源に関しては諸説があるので、ここでは近代焼肉の歴史について考えていきます。

①スタミナ苑（東京都足立区）

まずは、日本一有名な焼肉店の1つで、総理大臣でも予約を取れないと言われる「スタミナ苑」は1967年にオープンしました。2024年現在でも変わらず、開店時間の何時間も前から行列ができています。

②叙々苑（東京都港区）

焼肉と言えば、必ずタンから食べるという焼肉ファンも少なくないと思います。戦後、仙台で牛タン専門店がオープンしていますが、レモンをかけて食べるスタイルを確立し、焼肉の人気メニューとして進化させた「叙々苑」の1号店は1976年にオープンしています。現在では当たり前になっている、タンにレモンをかけるスタイルは、六本木のクラブホステスのリクエストで始まったそうです。

叙々苑と言えば、タンとレモンの組み合わせだけでなく、無煙ロースターの導入、紙エプロンや食後のガムの配布など、今では多くの焼肉店が取り入れているサービスを始めるなど、大衆的なイメージだった焼肉に高級感を持たせた偉大な存在なのです。

③虎の穴（東京都渋谷区）

タンと並んで人気な部位と言えばハラミですが、ハラミを初めて焼肉のメニューに加えた焼肉店情報は、上野の「東京苑」をはじめ諸説あります。その中でも、ハラミという部位を世の中に広めたのは、1990年にオープンした「虎の穴」でしょう。

それまでの焼肉と言えば、タンにカルビ、ロース一辺倒だった時代に、肉々しい食感と溢れる肉汁といった、他の部位とは違った美味しさを持つハラミに不動の地位を与えました。また、店主による焼き方の指導も虎の穴から有名になりました。

④焼肉ジャンボ（東京都江戸川区）・炭火焼ゆうじ（東京都渋谷区）

虎の穴がオープンした前年、平成が始まった1989年には、「焼肉ジャンボ」と「炭火焼ゆうじ」がオープンしています。

東京の端でひっそりと産声をあげた焼肉ジャンボは、喫茶店から焼肉に業態を変え、オープンしてから約10年の試行錯誤を経て、今までにない薄切りと希少部位を世の中に広めました。そして、炭火焼ゆうじの登場で、大衆焼肉の代表だったホルモンが素材と味付けが突き詰められ、正肉に負けない主役に躍り出ました。

⑤牛角

1996年には、学生でも気軽に食べられるリーズナブルで、美味しくサービスもしっかりしている「牛角」がオープンし、焼肉好きの裾野を大きく広げました。

⑥よろにく（東京都港区）

2007年、「よろにく」の登場によって、食後感まで計算されたコース焼肉が日本中に衝撃を与え、一気に広まりました。コースの登場で、焼肉の価格帯も上がり、扱われる肉質もどんどん高級化していきます。

⑦その他

当時ブランド牛を扱う焼肉店というと、1973年にオープンした「焼肉京城（東京都足立区）」が松阪牛、近江牛、前沢牛を仕入れる初めての焼肉店でしたが、よろにくは雌牛のすごさも広めました。

肉質へのこだわりはさらに強くなり、2000年にオープンした「うし松」は、高級ステーキ店くらいでしか扱っていなかった純但馬血統の松阪牛や神戸ビーフを仕入れ、焼肉でも最高峰の黒毛和牛を扱えることを示しました。

ALL ABOUT THE MEAT BUSINESS

3 化学調味料の存在

化学調味料とは、グルタミン酸ナトリウム、イノシン酸ナトリウム、グアニル酸ナトリウムなど、旨味を刺激する物質を人工的に精製した調味料です。スーパーなどで売っている「味の素」や「ハイミー」などが代表的な化学調味料です。

これらは、料理に旨味を与えると同時に、味のバランスを整えてくれるので、家庭はもちろん、飲食店でも使われていたりします。

かつてはポジティブなイメージのあった「化学」という言葉は、徐々に「体に良くなさそう」というイメージに変わったことで、現在は「化学調味料」ではなく「うま味調味料」という言葉が使われるようになりました。

うま味調味料は、世界中のそれぞれの地域で収穫される農作物を原料に作られています。例えば、アジア諸国ではサトウキビ、アメリカではトウモロコシ、南米ではサトウキビなど、一部の地域では小麦なども使用されています。

うま味調味料の主成分であるグルタミン酸ナトリウムの製造方法は、サトウキビから糖蜜を搾り、そこに発酵菌を加えることでグルタミン酸ナトリウムが生成されます。これを「発酵法」と呼びます。

イノシン酸ナトリウムやグアニル酸ナトリウムについても、とうもろこしなどのでんぷんを原料として、発酵法で作られます。

うま味調味料は、馴染み深い呼び名だった「化学調味料」の言葉のイメージから、安全性を心配されることがあります。

ただ実際には、うま味調味料の主成分であるグルタミン酸ナトリウムは、サトウキビを原料にしている通り、天然の食材を含む多くの食品に含まれているので、過剰に摂取しない限り安全性に問題はありません。

とはいえ、安全性に問題がないからと言って、何も問題がないわけではありません。

うま味調味料は味覚を刺激する旨味が強いので、素材の味がわかりにくくなってしまったり、つい食べ過ぎてしまったりするのです。

うま味調味料は多くの飲食店でも使用されていますが、特に焼肉とは馴染みが深いものです。年間２５０回以上は焼肉を食べに行くような生活ですが、ほとんどの焼肉店でうま味調味料を使っているように感じます。

ただし、その使う分量はお店ごとに違います。タレの味のバランスをまとめるために少し加えるお店もあれば、素材本来の味が一切わからないくらい大量に投入されているお店もあります。

もちろん、うま味調味料を使用していない焼肉店もありますが、食べログの点数を見る限りでは、うま味調味料をふんだんに使用しているお店に軍配が上がるケースが多々あります。

日本料理や鮨を食べに行く時、多くの人はその料理を味わうことに集中していると思います。

しかし、多くの人が焼肉を食べる時は、ビールで流し込んだり、ご飯でかき込んだりして、咀嚼しなくても食べることができてしまうので、素材の旨味を感じづらいのではないかと考えています。

その結果、ほとんど噛まなくても旨味を感じられるうま味調味料をふんだんに使った焼肉店を美味しく感じやすいのです。

うま味調味料を使わずにこだわった焼肉を提供するには、お客さんとのコミュニケーションを取り、お客さんを育てる必要があります。時間をかけ、忍耐強くこれをやり遂げた焼肉店をリスペクトせずにはいられません。

4

タレこそが焼肉店の技術を表す

焼肉というジャンルの中で、タレは重要な役割を果たします。タレの中の調味料や酸味が、肉の味をより一層引き立てているからです。

タレには醤油やみりん、ごま油、にんにく、生姜など、様々な調味料や香辛料が使われるのが一般的です。これらの成分によって、肉そのものの風味や香り、深みが加わっていきます。

また、焼肉のタレには甘み、塩味、酸味、辛味など、様々な味のバランスを取るという目的があります。これによって、肉の味を引き立てるだけでなく、食べる人の好みに合わせて調整もできます。

一部の焼肉のタレには、酵素や果汁から抽出された成分が含まれています。これらの成分は、肉の繊維をほぐし、柔らかくする効果があります。焼肉のタレは、焼く前の肉を揉み込んだり、焼いた肉をつけたりすることで、より美味しさを引き出せます。

つまり、焼肉におけるタレとは、その焼肉店の顔であり、命だと言えるのです。

日本人が食に求める好みの一つとして、「純度の高さ」が挙げられます。つまり、シンプルに、できるだけ手を加えないことを良しとしているということです。

焼肉で言えば、良い肉であればあるほど生で食べるべき、焼くのであれば塩のみで食べるべき、といった思いに駆られてしまうのです。


塩で食べる焼肉も美味しいことは理解しているつもりです。素材の持つポテンシャルもよくわかります。

しかし、焼肉のように何種類も部位を食べる際には、流れの強弱がつけにくく単調になりがちであったり、脂を強く感じて食べ疲れてしまったりするのも事実ではないでしょうか。

逆に塩派の意見は、タレだと肉の味がわかりにくく、上質な和牛を食べても、そうでない肉を食べても、あまり違いが分からないと言われることがあります。

たしかに、同じようなタレを提供する焼肉店は散見されます。しかし、一流の焼肉店のタレは全く違います。肉の味を消し去るような暴力的な強さはなく、むしろ肉の旨味を引き立ててくれるのです。

サシの強めな和牛の部位には、酸味でまろやかに中和させ、食べ疲れせずに、いくらでも食べさせてくれます。何より、塩よりタレの方が、焼肉最大のサイドアイテムである白米が進みます。

結局、焼肉を突き詰めると、タレのこだわりにも目が向いてしまうのです。

タレは焼肉店の顔であり命です。仕入れる肉、炭かガスか、網のタイプなどに合わせてタレの方向性が変わってきますが、そこを微調整して、焼肉が一番美味しくなるように仕上げるのが職人です。

昔の焼肉店では、職人はタレの秘密を誰にも知られないように、他の従業員が出社する前にタレを仕込んでいたと言います。その職人が辞めてしまえば、焼肉店の味も変わってしまうのです。まさに職人の技術が詰まっているのです。

最後に忘れてはいけないのは、塩があるからこそ、タレが余計に美味しく感じられることです。色々な部位を、色々な味付けで食べることで、焼肉の満足度は上がるのです。

ALL ABOUT THE MEAT BUSINESS

5

「炭VSガス論争」に終止符を打つ

焼肉の話になるとよく議論になるのが、炭で肉を焼くのとガスで肉を焼くのはどっちが良いか、という話です。いきなり結論からお伝えすると、どっちが良いという唯一無二の答えはないと私は考えています。

炭で肉を焼く際の最大の特徴は、電磁波の一種である遠赤外線にあります。炭火は燃焼によって遠赤外線を発生させます。炭が熱くなると、その熱エネルギーは遠赤外線として放射され、この遠赤外線が肉の表面に直接当たることで、肉の表面温度を上げると同時に内部まで均等に加熱する効果があります。

遠赤外線の効果によって、炭火で焼く肉の表面にはカリッと焼き色がつき、内部はジューシーに仕上がります。遠赤外線は、肉の水分を閉じ込め、旨味を引き出す効果もあります。

こういった遠赤外線の効果は、厚みのある肉を焼く際には、最大の効果を発揮しますが、近年主流の薄切りの肉を焼く際はその効果があまり発揮されません。

また、ガスの特徴として、ガスは燃焼によって水が発生し、水蒸気によって肉がふっくらと仕上がりやすくなります。

焼きやすさの観点では、厚い肉や薄い肉、塩の味付けやタレの味付けなど、肉を焼く際には火力調整が重要になります。ガスの火力調整は誰でも簡単に行えますが、炭の場合は、炭の量を変えたりする必要があるので、火力調整はかなり難しくなります。

時間と手間の観点では、炭火で焼くには炭を点火し、しっかりと燃え上がるまで時間がかかります。また、炭火の燃焼時間が限られているので、継ぎ足しや管理が必要です。

炭を使用する焼肉店の場合、お客さんが来店したらいつでも肉を焼けるよう、炭を起こして、その状態を保持する炭炉と呼ばれる設備が用意しているのが一般的です。

ガスロースターの場合はいつでも瞬時に高温になるので、肉を素早く加熱することができます。時間の短縮が可能であり、急いでいる場合やお腹がすいている時に便利です。

ガスロースターは、炭火のような灰や煙の発生がないため、掃除やメンテナンスが比較的簡単です。しかし、ガスバーナーやグリルのクリーニングが必要な場合があります。

以上が、炭もしくはガスで肉を焼く際のメリットとデメリットの一部です。どんな肉を焼くのか、お客さんが焼くのか、それともスタッフが焼くのか、個人の好みや状況によって、どちらを選ぶかが変わってきます。

最後に、消防法の観点から炭での焼肉店の営業許可が下りないケースがあります。この場合は、ガスロースターで営業するしかありません。

ALL ABOUT THE MEAT BUSINESS

6 網による味わいの変化

肉に熱を伝えるには、主に伝導、対流、輻射（放射）の3つの方法があります。

伝導とは、肉の表面に直接触れている焼き面から、肉に熱が伝わることです。伝導によって肉の表面が加熱され、内部にも徐々に熱が伝わっていきます。

対流では、焼く際に発生する熱によって、空気や水分の対流が生じます。これによって熱が肉の表面から内部に伝わります。肉の表面に水分がある場合、水分の蒸発も対流を通じて熱を伝えるメカニズムとなります。

輻射とは、焼く際に熱源から発せられる赤外線や熱放射によって、肉に熱が放射されることです。これによって肉の表面から内部に熱が移動して焼き上げられます。

これらの熱の伝わり方は同時に起こり、肉が焼かれていくプロセスに寄与します。肉を焼く際には、適切な熱伝導や対流、放射を実現するためにも、焼き具合や焼き方に注意する必要があります。

肉に熱が伝わる方法は、肉を焼く熱板によって異なります。例えば、焼肉店で肉を乗せて焼く熱板は、大きく分けるとロストルと網の2種類があります。

馴染みのない言葉かと思いますが、ロストルとはスリットの入った鉄板で、鋳物で作られています。テーブル埋め込み式や卓上のガスロースターの場合に、角型のロストルがセットされているのが一般的です。

ロストルは、主に熱伝導と対流熱によって肉に熱を伝えます。ロストルを使用する焼肉店で肉を焼くと、肉を裏返した際に焼き面に触れていた部分と触れていない部分で焼き上がりに違いが生まれます。これは焼き面に触れていた部分は熱伝導によって加熱され、焼き面に触れていない部分は対流熱によって加熱されたことによる違いです。

ロストルの場合、主に直火ではなくガス火によって熱せられた焼き面で直接肉を焼くので、ロースターの熱源による違いが出にくかったり、焼き上がりが鉄板焼きに近かったりするのが特徴です。

また、ロストルは蓄熱性に優れているので、タレで揉んだ肉を乗せても温度が下がらず、簡単に焼くことができます。スリットから脂が落ちますが、網に比べると脂は落ちにくく、タレで揉んだ肉を焼くと、モミダレが焼き面で煮詰まり、タレの味わいが強く出てくるのも特徴です。

一方、網で肉を焼く場合、主に輻射熱と対流熱、そして熱伝導によって、肉に熱を伝えていきます。ガスで板を加熱し、その熱せられた板から輻射熱が発せられます。

網には様々なタイプがありますが、最も一般的な網はステンレス製の編まれたものでしょう。ステンレス製の網よりもローコストなもので、針金で作られた使い捨てタイプの網もあります。

輻射熱と対流熱の観点では、どちらも違いはありませんが、ステンレス製の網には太さがあるので、蓄熱性が高く熱伝導の効果もあります。

近年、高級焼肉店を中心に主流になりつつあるのが、つなぎ目のないステンレス製の鋳物で作られた網です。太さもあって蓄熱性にも優れ、輻射熱と熱伝導をしっかりと利用できる優れものです。

網の交換と清掃

焼肉に欠かせないアイテムとして、網やロストルといった熱板がありますが、美味しく焼肉を食べるためにも、熱板を交換するベストなタイミングを知っておくと良いです。

まず基本となるのは、味付けが変わる際には熱板を交換する必要があります。タンなどの塩系から、カルビやロースなどのタレ系、ホルモンなどの味噌ダレ系と味付けが変わる際には、熱板を交換すれば味が混ざるのを避けられます。

また、熱板に付着した「もみダレ」や「ネギ」による焦げが目立ってくると、次に肉を焼く際に焦げが付いてしまうので、焦げが目立つ前に熱板交換する必要があります。焦げが肉に付くと、肉本来の風味を感じにくくなったり、雑味が混じってしまったりします。特に味噌ダレ系は焦げやすいので注意が必要です。

逆に、塩系を焼いた後に網の汚れが気にならないようであれば、タレ系に移行する際に無理に熱板を交換する必要はありません。

なぜなら、塩系で使用される調味料はほぼタレ系でも使用されているので、味が混ざることを気にする必要がないからです。

また、熱板の種類によっても、熱板交換のタイミングは異なります。ロストルは、肉に触れる面積が広いので、もみダレなどが焦げやすくなっています。網の中でも使い捨て網は細い針金タイプが多く、肉との設置面積が少ないので、焦げが付着しにくくなっています。

つまり、熱板交換は頻繁であればあるほど良い、というわけではないということです。

肉を焼く際は、熱板が温まってない状態で肉を乗せてしまうと、熱板にくっつきやすくなるので、しっかりと温まるまで待たなくてはいけません。

また、極端な例としては、１皿ごとに熱板交換をお願いすると、手間やコストの関係から、焼肉店側から嫌な顔をされる可能性があったり、焼肉店によっては熱板交換に料金がかかったりするお店もあります。もちろん、お客さんにベストな状態で肉を食べてもらいたい焼肉店であれば、嫌な顔をさせるケースはほとんどないはずですが。

焼肉店の営業後には、使用後の大量の熱板がたまっていますが、これらは使い捨ての網ではない場合、当然ですが清掃が必要になります。

焼肉をした後の頑固な焦げ付けには、専用の強力な液体があり、その中に網を漬け込んでからタワシでこすります。

焼肉店での清掃はかなりの重労働なので、熱板の洗浄業者を使用する焼肉店も多く存在します。洗浄業者は契約している焼肉店を回り、使用後の熱板を回収し、それらを専用の工場で機械やスタッフが清掃していきます。

コストの面では、使い捨ての網も熱板洗浄も、1枚数10円かかりますが、使い捨ての網の方が価格的には安く抑えられるようです。ただ、焼きやすさや味を考えれば、使い捨てではない網の方が優れています。コストと機能、どちらを重視するかが大事です。

第6章

焼肉に学ぶ
内臓流通の世界

Chpater 6 :
The world of visceral distribution

ALL ABOUT THE MEAT BUSINESS

1 本当の希少部位はタンとハラミ

焼肉店で見かける希少部位という言葉。私たちの耳に「希少」という言葉が刺さり、ついつい オーダーしてしまいます。

ただ、部位を細かくすればするほど取れる量は減っていくので、本来は希少部位ではなく「細分化された部位」と言った方が正確な表現なのかもしれません。

このように希少部位を捉え直すと、焼肉店ではポピュラーな部位だけど、常に品薄で仕入れが困難な「本当の希少部位」が存在します。それは和牛のタンとハラミです。

日本で一番取引量の多い魚の市場と言えば、昔であれば築地市場、今は豊洲市場ですが、肉の場合は品川駅港南口のすぐ近くに東京食肉市場があります。

東京食肉市場では月曜日から金曜日まで、1日に屠畜される和牛の頭数は約300頭にも上ります。これに対して、東京都内にある焼肉店の軒数は2000軒以上です。

もちろん、地方でも和牛は屠畜されているので、そこからタンやハラミを仕入れている都内の焼肉店はありますが、反対に東京から地方に和牛のタンやハラミを送るケースもあります。

このような単純な仕組みではないですが、和牛のタンやハラミを毎日必ず1本仕入れるということはとても難しく、それを行える焼肉店も実は少ないというイメージを持っておきましょう。

ハラミは横隔膜の一部です。牛の肋骨の内側に左右で2本のハラミがくっついていて、その真ん中にサガリがぶら下がっています。このハラミ2本とサガリ1本で、牛1頭分の横隔膜になり、横隔膜全体で4kgほどの重量があります。

ただし、余分な脂や筋を取り除くと重量は半分近くになってしまいます。ハラミもサガリも味わいは似ていますが、どちらかというとハラミの方はサシが多くジューシー、サガリはハラミよりもさっぱりとしていてプリプリとした食感です。

タンは1本で3kgほどの重量がありますが、筋や皮を除き、タン先は硬いので落としてしまうと、重量は1kgほどしか残りません。ハラミよりもさらに希少なのがわかります。

現代の焼肉では、タンとハラミが最も人気の部位で、特にタンはほとんどのお客さんが注文するメニューの1つです。タンをメニューに置いていない焼肉店はないと言っても過言ではありませんが、タン不足を救ってくれているのは外国産の輸入タンです。

ポピュラーな産地で言えば、アメリカ産やオーストラリア産、カナダ産で、メキシコ産やニカラグア産といったものを含めて多種多様な肉から輸入されています。私は普段、焼肉店では和牛を中心に食べていますが、タンに関しては外国産の輸入タンも頻繁に食べています。

タンは他の部位と違って、輸入ものでも臭みがあまりなく、状態が良いものがかなりあります。シンプルに塩だけで食べると、和牛のタンには敵いませんが、強めの味付けで食べる場合には、非常に美味しく食べることができます。

また、ハラミについても外国産は多く存在しますが、お腹の中の筋肉で血を吸いやすいからなのか、日本に到着する頃には臭みが発生してしまうので、ニンニクを効かせて食べる焼肉店が多くなります。

2
黒タンは黒毛和牛のタンだけではない

焼肉店のメニューを開いて、タンの表示をよく見てみましょう。そこには㊟タンや上タンと記載があれば、おそらくタンの根元の柔らかな部分を上タンとして、タンの先の方を㊟タンとしているのではないか、と想像できます。また、タンと和牛タンと記載があれば、和牛と書かれていない方は外国産の輸入タンではないかと想像できます。

では、タンと黒タンと書かれていたら、何を意味するか知っているでしょうか。黒タンと和牛タンでは何が違うのでしょうか。

タンの中でも、特に和牛のタンがいかに貴重かという話をしましたが、もしタンが好きであれば絶対に覚えておかなくてはならないことがあります。焼肉店でたまに見かける

「黒タン」という言葉の意味です。

黒タンは黒毛和種のタンのことと思う方もいると思いますが、実は違います。正確には黒毛和種のタンは黒タンですが、それ以外にも黒タンは存在します。

タンは大きく白タンと黒タンに分けられます。白タンはタンの皮が白いもので、ホルスタインなどのタンが該当します。

一方、黒タンとは黒毛和種や交雑種などのタンのように、皮が黒いものを呼びますが、皮の大部分が黒いものもあれば、ほとんど白で一部だけ黒が入っているものもあります。わずかでも黒が入っていれば黒タンとして取り扱われるのが一般的です。

黒毛和種であっても、稀に皮全体が白いタンがあり、これは白タンとして流通しますが、和牛のタンであることに変わりはありません。また、外国産の輸入タンの場合、皮に黒が入っているものが珍しくないので、黒タンとして扱われます。

本来、どんなタンなのか、その品質を知りたい人の場合、タンの皮が白いか黒いのかではなく、黒毛和種なのか交雑種なのか、それとも国産のホルスタインや輸入牛なのかを気にする必要があるということです。

では、どんな牛のタンなのかを表示すれば解決するかというと、問題はそんなに単純ではありません。

なぜならブランド牛の銘柄は正肉に対して付けられるので、流通上、内臓に分類されるタンには銘柄をつけられないからです。また、銘柄だけでなく、個体識別番号での管理も定められていません。

内臓の卸問屋から焼肉店にタンが納品される際、そのタンの皮が黒かったとしても、それが黒毛和種のものなのか、交雑種のものなのか、焼肉店でも判別がつかない場合も多々あります。日によっても黒毛和種のタンが納品されたり、交雑種のタンが納品されたりします。

その結果として、品種や産地で指定するのではなく、皮の色で大まかな区分けにする文化が根付いたのかもしれません。

3 内臓処理による品質の違い

牛が食肉市場で屠畜されると、そこで得られる副産物は枝肉とは別の流通経路に乗せられます。

ここで言う牛の副産物とは、心臓（ハツ）、肝臓（レバー）、腎臓（マメ）、胃（ミノ、ハチノス、センマイ、ギアラ）、横隔膜（ハラミ、サガリ）、小腸（コプチャン）、大腸（シマチョウ）、舌（タン）、頭肉（ホホ肉）、尾（テール）などがあり、これらをまとめてホルモンと呼んだり、内臓と呼んだりします。

牛の内臓は保存性が低く、腐敗しやすいので、処理方法や保存方法が重要になります。近年、食肉市場内では専用の機械開発が進み、以前に比べて衛生的、効率的で迅速な処理が可能になりました。

胃腸内の未消化物による汚染リスクを避けるために、内臓を取り出す前に食道と直腸を縛って内容物が漏れ出さないようにしたり、内臓を処理するナイフは1頭ごとに熱湯で洗浄消毒したりしています。

屠畜時に取り出された内臓は、内臓処理室に運ばれます。内臓処理室では、小腸や大腸、胃などのように消化管内容物を除去する部位（白物と呼ばれます）と除去の必要がない部位（赤物と呼ばれます）に分けて、それぞれ洗浄用水槽と冷却用水槽に漬けて、洗浄と冷却の処理を行います。

内臓をそれぞれの水槽に漬ける理由は、衛生的・効率的な処理を行うのが目的ですが、一方でデメリットも存在します。

例えば、ハラミは肋骨の内側に付着している筋肉で、内臓を取り出す際はナイフで切り出すので、ハラミを水槽に漬けると、切開した断面から水槽内の水を吸ってしまいます。ハラミ以外にも切開した断面が露出している箇所がある内臓などは、より水を吸いやすくなります。

以前、同じ牛のハラミで通常の処理で水を吸ったものと、乾かして水分を飛ばしたものを食べ比べする機会がありました。通常の処理を行ったハラミは、噛んだ瞬間に肉汁が溢れ出し、いつも食べているような美味しいハラミでした。一方、乾かして水分を飛ばしたハラミは、噛んだ瞬間に溢れるような肉汁はありませんが、噛み締めるほどに凝縮した旨味が感じられ、旨味の濃さが違いました。

ここでわかったのは、ハラミは肉汁が多い部位だと思っていましたが、実はあの肉汁はハラミ本来の肉汁だけではなく、ハラミが吸った水を含んでいたということです。これはハラミだけでなく、他の内臓も大なり小なり似たような状況だと思います。

内臓が腐敗しやすい原因の1つは、この水を吸っているからだとも考えられます。

内臓を乾かして水分を飛ばすことは、手間暇がかかる上に、重量も減ってしまうので、内臓卸業者としては利益が減ってしまうような工程です。

しかし、食肉市場の内臓卸業者の中には、こういった処理をした内臓を扱うところもあります。ただでさえ、国産の内臓類を仕入れるのは困難な上に、こういった卸業者と取引するには、タイミングや運だけでなく、飲食店の熱意も必要ではないでしょうか。

4 鮮度の見極め方の迷信

食材における「鮮度」は新鮮さの度合いのことです。

例えばホルモンやレバーは鮮度が重要な要素とされ、その鮮度を判断する方法は様々紹介されています。その中には正しいものもあれば、なかには誤った迷信もあります。

①新鮮なシマチョウには縞が入り、縞が薄いと鮮度が悪い

シマチョウは牛の大腸ですが、基本的にこの部位には縞が入っています。たしかに、実際に腐敗したシマチョウは縞がはっきりと入っていませんが、これは鮮度の判断としては参考にならない極論です。

焼肉店でシマチョウをオーダーすると、時々縞が薄いシマチョウを見る機会があります。

しかし、皮はきれいなピンク色で臭みもなく、食べると鮮度の良さを感じられます。

なぜこのような誤解が生まれるかというと、シマチョウの縞は鮮度を表すものではなく、処理の過程で縞が薄くなることがあるからです。

屠畜時に取り出されたシマチョウは、腸管の中に汚れが詰まっています。この汚れを排出するには、腸管に水圧をかけて汚れを押し出す処理がなされます。この際、腸管に水圧をかけると腸管は広がりますが、水圧が高すぎれば腸管が広がり過ぎてしまいます。

汚れを押し出した後も、広がり過ぎた腸管は元の大きさまで伸縮しないので、こうして伸びたシマチョウの縞は薄くなっていくのです。

②新鮮なレバーは角が立ち、鮮度の悪いレバーは角が立たない

これは実際に、新鮮なレバーを切ると角が立ちますが、数日経ったレバーは切っても角が立たないケースがあります。ただ、こちらも処理によって結果は異なります。

内臓を乾かして水分を飛ばしたレバーの場合、冷蔵庫の中で5日間放置していたものを包丁で切ると、角がピッと立ちます。食べてみると甘みがあり、嫌な臭みも皆無です。ここで言いたいのは、鮮度以上に大事なのは処理ということです。

このように、ホルモンの鮮度に関する迷信はいくつかあります。続いて、ホルモンの鮮度を保つ処理についてもう少しお伝えします。

今まで美味しいホルモンを食べるためには、時間をかけて丁寧にホルモンについた汚れを掃除するのが一番だと言われていました。もちろん、焼肉店に届いたホルモンについた汚れは、徹底的に落とさない限り、臭みの元となります。

しかし、内臓卸業者の中には、この掃除を自ら行ってホルモンを焼肉店に卸すケースが存在します。その理由は、屠畜し汚れが少し残った状態から1日経過し、焼肉店に到着後に内臓をキレイにするより、内臓卸業者が受け取ってすぐにキレイにしてしまえば、汚れが付いていた時間が短いので、臭みが全然違うということでした。こうした焼肉店では、届いたホルモンを洗わずにそのまま切ってお客さんに提供ができます。

この方法は理にかなっていますが、内臓卸業者がここまでの手間をかけるのは非常に困難なことです。それを可能にするこだわりにはリスペクトしかありません。

ALL ABOUT THE MEAT BUSINESS

5 良い内臓を仕入れる難しさ

焼肉店を開業する場合、肉の仕入れが必要ですが、仲卸業者（もしくは小売店舗）は基本的に２か所を開拓することになります。

１つ目は正肉（しょうにく）を仕入れるための仲卸業者です。正肉とは枝肉から骨や余分な脂を除去し、分割したものです。

２つ目は内臓類を仕入れるための仲卸業者です。正肉の元となる枝肉と内臓類では、流通が異なるため仲卸業者が別々なのです。

ただ、正肉メインの仲卸業者が内臓類を扱ったり、逆に内臓類メインの仲卸業者が正肉を扱ったりする場合もありますが、その際は品物が豊富でないことも多く見られます。

正肉を仕入れる場合、仕入れたい肉質を多く扱う仲卸業者を選ぶ必要があります。

なぜなら、仲卸業者にはそれぞれ熟練の目利きがいて、極端な言い方をすれば、自社にあった枝肉の中から販売したいものだけを選んでセリ落としてくるのです。

そんなこと当たり前ではないか、と思うかもしれませんが、それが通用しないのが内臓類の仲卸の世界です。だからこそ、焼肉店が内臓類を仕入れるのは困難になるのです。

東京食肉市場では、牛を屠畜する際、枝肉とは別に副産物として内臓類がありますが、これは枝肉のようにセリにかけられずに、一定の価格で東京芝浦臓器に買い上げられます。そこから東京芝浦臓器によって、食肉市場内の内臓類専門の仲卸業者に販売されるのですが、仲卸業者は品物を選ぶことはできません。

仲卸業者はそれぞれ割当量が決まっているのですが、その割当量に応じて屠畜の順番に東京芝浦臓器が無作為に割り振りを行います。東京芝浦臓器に割当てられた内臓類は、上質なものもあれば、それではないものもあります。

それどころか、和牛か国産牛かもその日の運次第になります。割当てられた全ての内臓類が和牛の上物の日もあれば、全て国産牛でタンは全て白タンという日もあります。

内臓類の仲卸業者は、選べずに東京芝浦臓器によって割当てられた品物の中から、お客に当たる焼肉店に品物を納めます。そこで好む、好まないにかかわらず、良い品物をどこに納めて、そうではない品物をどこに納めるかという、難しく、悩ましい問題が出てきてしまうのです。

ここで良い品物を仕入れるために焼肉店と仲卸業者との信頼関係が大事になってきます。それは長い取引期間による実績なのか、仕入れた内臓類を美味しく料理する焼肉店の腕なのか、個人的な人間関係なのか、ただ1つの答えは存在しません。

そして、牛の屠畜量は以前よりも減ってきています。内臓類はセリがなく、割当量が決まっているので、仲卸業者は仕入れ量を増やせないのです。

品物を選べず、仕入れ量も増やせないので、内臓類が品薄の現在の状況の中、新規の焼肉店が上質な内臓類を仕入れることが、いかに至難なのかがわかります。

ALL ABOUT THE MEAT BUSINESS

6

屠畜方法の変化によるクオリティの変化

海外へ牛肉を輸出する際には、輸出先の国の認定を受けた食肉市場での屠畜処理を必ず行います。日本政府が農畜産物の輸出拡大を重要な課題とし、なかでも牛肉は重要品目に掲げられています。そのため、食肉市場では輸出先の国から求められる「アニマルウェルフェア」に配慮し、必要な条件を満たしていない個所は改善を行い、認定の取得を目指していきます。

例えば、アメリカに牛肉を輸出するための輸出要綱には、人道的な牛の取り扱いを目的とした「スタンナー」と呼ばれる屠殺銃を使用します。その際、１回の打撃で牛を無意識状態にして、以後の放血作業まで無意識の状態を保持させることなどが定められています。

しかし、アメリカへの輸出認定を受けた食肉市場で屠畜される牛について、血斑（けっぱん）の発生率が上がっていることが報告されています。血斑とは、肉を切った断面に見られる斑状の出血痕のことで、毛細血管が高血圧で破裂すると起こってしまうものです。この血斑が発生した牛は、枝肉の価格にも影響していきます。

従来の日本の食肉市場では、スタンニングと呼ばれる気絶処理によって牛を失神させ、横臥（おうが）状態にした後に放血する方式で屠畜しています。一方、アメリカへの輸出認定を受けた食肉市場では、スタンニング後の牛の後ろ足にフックをかけて吊るしてから放血する方式で屠畜しています。

放血する前に、失神しているだけなので心臓が動いている牛を吊るすことで、重力や内臓の移動・変形によって血圧が上昇します。この高血圧によって、牛の毛細血管の一部が破裂してしまい、血斑が発生してしまいます。

また、放血せずに失神した状態で吊るされた状態は、内臓の中でも影響が起こっているかもしれません。以前に屠畜方法が変化してから、横隔膜であるハラミなどへの血の付着が多くなったと口にする関係者もいました。

このように屠畜方法の変化によって、当初は想定していなかったような問題も発生しています。しかし、血斑などの問題はすでに改善方法が検討されています。血斑の原因は、生体と屠畜処理による要因があり、その中でも牛がストレスを感じ、血圧が高くなることです。

食肉市場では、食肉市場に牛が到着してから屠畜されるまでの間、アニマルウェルネスの観点から、通路の床の衛生面を保つ、十分な広さを確保する、牛が怪我をしないように通路や柵を突起物がないものに交換するなど、できるだけ牛にストレスを与えない取り組みが行われています。

また、屠畜時には、スタンニングから放血までの時間を短くすることで、血斑の発生率を抑える対策にもつながっています。

地域による屠畜の違い（憧れの個体識別番号付きホルモン）

2001年にBSEが日本で初めて確認されたことを発端に、個体識別制度として、日本国内の全ての牛に対して、番号が記載された耳標（じひょう）をつけて、牛の生産・異動情報を管理するようになりました。

そして、2004年12月からは、スーパーや精肉店、飲食店で扱われる日本産の牛肉について、挽肉や内臓類などの一部の例外を除いて、10ケタの個体識別番号の表示が義務づけられました。

この個体識別番号は、独立行政法人家畜改良センターのウェブサイトにアクセスし、番号を入力することで、牛の出生から屠畜されるまでの情報などを確認できます。

また、神戸肉流通推進協議会では、同会のウェブサイトで但馬牛血統証明サービスを実施していて、個体識別番号を入力することで、3世代の血統まで確認ができます。

　このように個体識別番号によって、消費者は自分たちが食べる牛肉の情報を知ることができます。しかし、現在、内臓類については個体識別番号での管理義務がないので、焼肉店でタンやハラミ、ホルモンを食べた時に、その肉の産地や性別、品種の確認ができます。これは消費者だけでなく、飲食店側も同じことです。

　これは枝肉と内臓類の流通が別々というのも原因の１つです。流通は別々ですが、内臓類には色々な牛の部位がごちゃまぜになって、把握できないということではありません。

　食肉市場では、解体後検査が行われ、１頭ごとに個体管理されているのですが、手間暇の問題や、そもそも個体識別番号の表示義務がないので、焼肉店などに内臓類を卸す際には個体識別番号を表示していないのです。

　時代が進み令和になり、コロナ禍で牛肉業界が打撃を受けていた頃、品物を納品する際に個体識別番号の情報を焼肉店などに伝える、一部の内臓仲卸業者が現れました。今まで内臓の個体情報は一切わからない常識の中で育った焼肉好きにとって、これは衝撃的な出来事でした。

また、内臓卸業者の企業努力ではなく、自然と個体識別番号のついたハラミを食べられる地域も存在します。そこが三重県にある三重県松阪食肉公社です。

通常の食肉市場では、ハラミは屠畜時にお腹から取り出され、内臓類として流通しますが、松阪公社では、屠畜時にハラミを内臓から取り出しません。松阪公社で屠畜された枝肉を見ると、肋骨にハラミが付着したままで、サガリもそこにぶら下がっています。

そのため、松阪公社で屠畜された牛のハラミとサガリは枝肉とセットになり、ハラミとサガリを他の正肉と同じように、精肉店や飲食店が個体識別番号を把握できるのです。

こういった地域特有の処理は、もしかしたら松阪公社だけとは限らず、他の地方の食肉市場でも行われているのかもしれません。

第7章

生肉と火入れから学ぶ温度の世界

Chpater 7 :
The world of temperature

ALL ABOUT THE MEAT BUSINESS

1 生食の歴史とリスク

人類は火を使用するようになる前から、生肉を食べていたと言われています。そこから火を使用し、肉を焼いて食べるようになりましたが、それでも地域によっては伝統的に生食が続けられていました。

牛肉の生食も様々な文化や地域において、次のような歴史があります。

①タルタルステーキ

タルタルステーキは、世界的に牛肉の生食を代表する料理です。

その起源はモンゴル帝国にまでさかのぼり、タタール人が遠征時に馬肉を鞍（くら）の下に入れておき、自分の体重と馬が動く振動で潰れた肉を食べたことから始まったと言われています。

それがヨーロッパに伝わり、牛肉でのタルタルステーキが一般的になりました。

②カルパッチョ

カルパッチョは、薄切りにした牛肉を生のまま調理するイタリアの料理です。この料理は、ヴェネツィアのハリウッド映画館にちなんで名づけられました。1960年代にイタリア料理のレストランで人気を博し、その後世界的に広まりました。

③ユッケ

生肉を使った韓国式のタルタルステーキです。

その起源は古代の朝鮮半島にまでさかのぼります。ユッケは、元々は牛肉を薄く切って生で食べるというシンプルなスタイルでしたが、今では生肉をネギやゴマ油、醤油などの調味料と一緒に混ぜたり、卵黄をトッピングしたりします。戦後の日本では、焼肉店の定番メニューとして人気が出ました。

肉の生食は、美味しさとは別の課題もあります。

2011年に石川県金沢市を拠点とする焼肉チェーン「焼肉酒家えびす」で、ユッケなどを食べたお客さんの中から約180人が腸管出血性大腸菌O111による食中毒になり、5人が亡くなるという集団食中毒事件が発生しました。

原因は、卸業者がトリミング処理をしていない肉を歩留まり100％で無駄がないと説明し、しかも、本来は生食用でない牛肉を生食用として卸していたことにありました。

また、卸業者が加工した肉には、ユッケなどの生食には不適切とされる廃用牛が含まれていました。


さらに「焼肉酒家えびす」では、お客さんに提供する前にトリミングをせずに、肉の衛生検査をしていないことが招いた事件でした。

事件が発覚するまで、全国的にほとんどの焼肉店で提供されていたユッケですが、当時の厚生労働省が定めた生肉基準を満たす牛肉は国内で一切流通していなかったことも浮き彫りになったのです。


「焼肉酒家えびす」の集団食中毒事件をきっかけに、厚生労働省は2011年11月から卸業者における生食用の牛肉の処理に関する基準を改定しました。

その内容は、腸内細菌科菌群を対象とした微生物検査の義務づけ、生食用加工設備の完全な分別、衛生的に密封した肉塊を熱湯で表面から深さ１㎝までを60℃で2分以上加熱処理するなどの規定が盛り込まれたものでした。

原則として有資格者の監督下での処理以外が認められなくなり、食中毒などを起こした場合は営業停止や刑事罰も適用できることになりました。また、２０１２年7月から、牛の生レバーは例外なく提供禁止になりました。

2 ― 生肉は冷たいほど美味しい

私は、焼肉は他のジャンルの料理とは違った特殊なジャンルだと思っています。一般的な料理は、厨房で調理されたものが運ばれてきますが、焼肉は目の前で自らが焼いた瞬間に食べられるので、熱々を楽しむことができます。美味しい焼肉店では、スープやライスは熱々の状態で運び、冷麺はしっかりと冷えた状態で運んでくるなど、徹底的に温度にこだわっています。

では、生肉はどのような温度で食べるのが最も美味しく感じるのでしょうか。人間の舌を科学的に分析できるわけではないので、何百回と食べてきた私の経験の上での結論をお伝えしたいと思います。

「牛刺し」の場合、サシが多い部位であれば冷蔵庫から取り出した状態を切り立て、つまり冷たい温度でサシが溶け出す前に食べるのが至福への近道です。牛刺しは舌の上に乗せ、体温で温めるようにゆっくりと噛んでいきます。口の中では、牛刺しのサシが溶け出し、じんわりと甘みが舌を包み込み、芳醇な和牛香が鼻を抜けます。

一方、サシが少ない赤身の部位を牛刺しで食べる際には、切りつけてから5分ほど常温で置いてから食べると、柔らかでしっとりとした赤身の美味しさを実感できます。

サシの多い部位を常温で置いてしまうと、融点が低い和牛のサシは溶け出してしまい、口の中でサシの甘みが前面に出すぎて、赤身の味が分かりにくくなってしまいます。だからこそ、サシの多い部位は冷たいうちに食べた方が、より美味しく感じやすいのです。

赤身が強い部位であれば、常温で置いておいても、サシが前面に出過ぎることはありません。また、赤身は温度を上げた方が滑らかな舌触りになります。

また、「牛肉の握り」になると話は変わってきます。

サシが多い部位でも、牛肉の握りの場合は、切りつけてから5分ほど置いて、常温でサシがテロテロと溶け出してきてから握るのがベストです。

牛肉の握りの場合は、溶け出したサシをシャリが受け止めてくれるので、口の中でサシが前面に出て赤身の味わいを邪魔することがありません。サシが少なく、赤身が強い部位であれば、牛刺しと同じように温度を上げてからが美味しいでしょう。

鮨屋に行くと、マグロを切りつけてから、まな板の上に並べて、握る前にしばらく置き、切り身の温度を上げる光景を見かけます。これは、マグロの温度を上げることで、香りや味わいを膨らませているからだと思いますが、和牛の場合も基本的には同じ考えが通用すると考えています。

ただ、マグロと和牛ではサシの融点や味わいの強さが違います。その辺りを考慮することで、牛刺しや牛肉の握りでも生の和牛の美味しさを堪能できるようになります。

3

「焼肉好き」なら、肉を焼けて当たり前

焼肉は非常に特殊な料理ジャンルとも言えます。高級焼肉店は至れり尽くせりで、すべての肉をスタッフの方が焼いてくれたりしますが、ほとんどの焼肉店では肉を仕入れて切り、味付けをして提供するのみで、最後の仕上げはお客さんに委ねられています。

そのため、当たり前ですが、焼き方次第で肉は表情を大きく変えてしまいます。火を入れすぎてパサパサになってしまったり、焼きすぎて焦げてしまったり、厚切りの肉であれば、中が冷たいままだったり、この本を読む方も様々な失敗をされた経験があるのではないでしょうか。

そして、これこそが日本の焼肉店がミシュランの星を取れない理由ではないかと言われています。

これはお客さんの立場からすれば、最後の焼きを自分たちで自由にできるというのが、焼肉好きにとっての楽しみでもあります。何も考えずに、両面に焼き色が付くまで焼いて食べても、焼肉は間違いなく美味しくなるのも事実でしょう。

しかし、部位や厚み、タレか塩かといった味付けによって、レアに焼いたり、しっかりウェルダンに焼いたり、素材の持ち味を引き出すことに心血を注いでこそ、より深い焼肉の世界へ入るスタートラインになると私は思っています。

ロースターを前に、肉をどう焼くのかは焼肉好きにとっては名刺代わりと言えます。今までどんな風に焼肉に向き合ってきたのか、焼き方を見ればすべてわかるからです。

普段、私は焼肉では同席した全員分を焼くように頼まれるのですが、初めて網を囲む焼肉好きの方がいる時には、この名刺代わりの話をして、各自で焼くことを提案します。もちろん、これは冗談なので、結局全員分を私が焼くことになるのですが。

焼肉好きであれば、色々なお店を回るのも良いことですが、お店ごとに違ったロースターや厚さの肉でも自分好みに焼き上げるテクニックを磨いていただきたいです。

これができなければ、焼肉好きとして、そのお店の真価を問うことは難しいと言えるのです。

レストランのレビューサイトを見ると、ジャンルとして焼肉がありますが、レビューを書いている方の中には、お店の真価が伝わっていないケースもかなり多いのかもしれません。スタンプラリーのようにお店を制覇していくより、毎回美味しい焼肉を食べることの方がはるかに重要なのは言うまでもありません。

一方、良い焼肉店は、焼くのがあまり上手じゃないお客さんにも美味しく食べてもらえるように焼き方を教えたり、スタッフが焼いてあげたりすることもあります。焼肉店の自己満足で終わらずに、お客さんに満足してもらうことを大事にしているお店のスタンスは素晴らしいです。

稀にではありますが、このような考えが通用しない焼肉店もあります。

川崎市にあるＫでは、１枚ずつ丁寧に焼いているとおばちゃんに怒られて、お皿の肉をすべて網の上に乗せられてしまいます。ゆっくり焼いていると仕事が終わらないので、早くしてくれというわけです。

この言動をとんでもないと思う方がいるかもしれませんが、お店の雰囲気などから、そんなことも許せてしまうのが焼肉なのです。とにかく焼肉は楽しくて美味しいです。

ALL ABOUT THE MEAT BUSINESS

4 厚切り肉を低温で焼く意味

肉を焼くということ。太古の昔に人類が火を使うようになった時から、そこには人間を魅了する欲望が詰まっていました。

厚切りのステーキを焼いた時に立ちのぼる香り、切り分けた断面から滲み出る肉汁、それらを引き出す「焼き」を知ることで、肉の世界はさらに奥深いものへと広がります。

牛肉を焼く際、加熱によって肉にはどんなことが起こっているのでしょうか。

肉は主にたんぱく質で構成されています。焼くことでたんぱく質が変性し、肉の心地良い食感や風味が生まれます。

肉のたんぱく質は主に3種類あります。

ミオシン：50度前後以上の加熱によって変性し、肉を噛み切りやすい弾力にしてくれま

す。

アクチン：60度前後以上の加熱によって変性し、肉が縮むことで硬くなります。
コラーゲン：65～70度前後以上の加熱によって変性し、ゼラチン化します。

つまり、噛み切りやすい食感でジューシーな旨味を感じやすい肉にするには、厚みのあるステーキを焼く場合、中心温度をミオシンが変性する50度以上であり、かつ、アクチンへ変性しない60度未満にすれば良いのです。

この加熱を手軽に行えるのが、低温調理器を使用した低温調理です。低温調理とは、「焼く」「蒸す」「煮る」に次いで、「第4の調理法」と呼ばれています。

低温調理とは、食材をフィルム袋に入れて真空パックし、比較的低い温度でゆっくりと加熱し、調理する方法のことです。

通常、フライパンやグリルを使用すると、熱源に近い特定の面だけが急激に加熱されます。そのため、表面は焦げているのに、中心は冷たい生のままという状態も珍しくありません。

このような食材を高温で素早く調理する方法とは異なり、低温調理では食材の周り全体からじっくりと加熱するため、内部まで均一に加熱することができます。

低温調理は、食材の旨味や質感を最大限に引き出せる方法として人気があります。また、過熱による栄養素の損失を最小限に抑えることもできます。

ただし、低温調理では食中毒の原因となる菌が繁殖する危険性もあるので、衛生面に関しては注意が必要です。特に、50度前後は菌が繁殖しやすい温度と言われています。

厚生労働省によると、肉の中心部の温度を63度で30分以上加熱することを基準としています。中心部を63度で加熱する場合、アクチンも変性が始まる温度帯なので、加熱時間について長めにするなどの調整を入れることが大事です。

また、肉を焼く上でもう1つ大事なのがメイラード反応です。

メイラード反応とは、肉に含まれる糖とたんぱく質が加熱されることで、褐色に色づかせることです。メイラード反応により、肉は香ばしさを身にまとい、より美味しい仕上がりへと変化していくのです。

ALL ABOUT THE MEAT BUSINESS

5

温度が肉の美味しさを決める

人間の舌は、一般的に体温と食べ物の温度差が25度以上あると美味しく感じやすいと言われています。

温かい食べ物であれば、平熱が36・5度とすれば、美味しく感じる食べ物の温度は62度前後ですが、70度以上だと感覚が麻痺して味を感じにくくなるそうです。この温度帯は、肉のたんぱく質の変性の温度帯ともピタリと一致します。

これは科学的な側面の話ですが、個人的には感覚的な側面も重要だと思っています。低温調理をして肉の中心温度を65度程度に加熱し、そのまま食べるのと、最後に表面にメイラード反応が起こるように強火で焼いて食べるのでは、どちらが美味しいでしょうか。個人的な感覚で言えば、圧倒的に後者です。

表面は火傷しそうな温度で、口に入れた瞬間は旨味を感じませんが、代わりに「熱っ!」という感覚が瞬間的に脳に美味しいという錯覚を届けてくれるように感じるのです。そして、噛み締めるごとに内部の適温の部分を感じることで、肉本来の旨味を味わえます。

では、低温調理器を持っていない場合、具体的にどうやって肉を最高の状態に加熱したら良いのでしょうか。フライパンで厚みのある肉を上手に焼くための重要なポイントを紹介します。

①焼く前の肉の中心温度を常温近くまで上げる

フライパンで肉を焼く場合、肉が金属面に触れる部分が多くなります。その結果、肉の表面にメイラード反応が起きやすいのですが、表面の熱が中心部まで伝導しきる前に、表面が焦げてしまう場合もあります。

これを防ぐために、事前に中心温度を上げておくことが大事です。

②焼いた時間と同じ時間だけ休ませる

肉を加熱する際は、表面の熱を中心まで伝導させることがポイントなので、3分焼いたら3分休ませます。それを繰り返すことで、じっくりと中心温度が上がります。

肉の休ませ方はフライパンごと火から離して、温度が高めな場所に置いておくか、肉をアルミホイルで包んで置いておく方法が一般的です。


続いて、焼肉のように網で肉を上手に焼くための重要なポイントをご紹介します。

①あえて肉が冷たい状態で焼く
網はフライパンに比べて、肉が金属面に触れる部分が少ないのが特徴です。その結果、メイラード反応が起きるまでに少し時間がかかります。

肉の中心部が常温だと、しっかりメイラード反応が起こる頃には、中心温度が高くなりすぎてしまう危険があるので、中心温度が冷たい状態で焼き始めます。メイラード反応が十分に起きた時に、中心温度が低い場合は、休ませることで温度が上がります。

②霜降り具合で焼き方を変える
赤身の部位は霜降りの部位に比べて、硬くパサつきやすいです。そのため、できるだけ

表面の温度を上げ過ぎずに、中心の温度を上げなくてはいけません。

一方、霜降りの部位は、表面の温度を上げて硬くなりにくく、香ばしさを強く感じさせてくれます。

具体的な焼き方は、赤身の部位は、網の弱火から中火の位置で、こまめにひっくり返しながら、メイラード反応が強く起きないようにします。霜降りの部位に対しては、網の中火から強火の位置で、両面1回ずつしっかりと焼きます。

6 薄切りの難しさ

私が肉を焼くという行為に対し、初めて真剣に向き合うきっかけになった焼肉店は、横浜市都筑区にある「炭焼喰人（すみやきしょくにん）」でした。タンやハラミ、熟成させた雌牛を塊で提供する、元祖塊肉の名店です。

タンであれば指2本分以上の厚さ、ハラミであればブロックそのまま、ロースであれば１kgの塊など、２００８年頃は焼肉業界が薄切り全盛の中、流行りに逆行したとんでもないインパクトを放っていました。

炭火ロースターのどこの火力が強いのか、どこの火力が弱いのか、肉繊維に対してどの向きで火を入れれば良いのか、焦がさずにどうやって塊肉の中心まで加熱するのかなど、炭焼喰人に通う日々は学びの連続でした。この学びを軸に火入れを考えることで、ガスロースターでもフライパンでも、何でも肉を焼けるようになりました。

２０００年代以降の焼肉は、それ以前の適度な厚みを持たせた肉から、薄切り肉へ焼肉業界が大きく舵を切りました。ある程度噛み応えのある焼肉から、滑らかな舌触りで舌に引っかかるものが何もない焼肉の登場が衝撃的でした。

東京都江戸川区にある「焼肉ジャンボ」は希少部位と薄切り肉を世の中に広めたパイオニアですが、そこから多くの焼肉店が影響を受け、東京中だけでなく日本中に薄切り肉が広まりました。

厚切りの肉に思い通りの火入れができるようになると、薄切り肉の火入れの難しさに気づきます。おそらく焼き方にこだわっている人でも、薄切り肉の表面の色の変化しか気にしてない場合が多いです。

味わいに影響を与えるのは、「表面のメイラード反応」「中心の温度」「中心から表面までのグラデーション」などが挙げられます。厚切り肉や塊肉であれば、それらの要素は比較的表現しやすいです。

しかし、薄切り肉は厚みがないために、それらの要素を表現するのが非常に困難です。メイラード反応をつけようと思えば、火が入りすぎてしまうこともあるわけです。

薄切りの場合、中心の温度と表面の温度はほぼ同じになります。表面から中心までのグラデーションという発想すらありません。

また、薄切り肉にはモミダレをどこまで落としたり煮詰めたりするのかで、味のインパクトが大きく変わっていきます。肉の状態とタレの方向性を計算しながら焼いていくのが、ワンランク上の火入れです。

表面の色の変化だけを見るのではなく、１枚の薄切り肉の中に香ばしさを感じる部分、レア感を感じさせる部分を共存させるように意識することで、焼きの技術は飛躍的に向上します。


日本には、薄切り肉を焼いて食べる、伝統的な「すき焼き」のジャンルがあります。焼肉と違ってすき焼き鍋で焼くと、肉の表面全てが均一に鍋に触れるので、グラデーションを作ることができず、焼き手の腕の差が出るのは、肉を引き上げるタイミングが大きくなります。

また、脂や割り下が下に落ちずに煮詰まるので、老舗のすき焼き店ではサシの融点が低い雌牛を専門に扱っているお店が多く、多少強めに火を入れても硬くならずに美味しく食べることができます。

火入れの達人伝説

誰よりも肉を愛し、誰よりも肉を食べているからこそ、私は肉を焼くという行為に誰よりも心を込めています。そんな自分だからこそ、焼肉では他の人が焼いた肉はあまり食べたいという気持ちにはなりません。

自分の方が焼き方は上手いと言いたいのではなく、自分の好みを一番把握している自分が焼く方が、最も美味しく肉を食べる近道だと思ってしまうのです。

それでも、自分の好みを超越した至高の火入れができる達人を時々目にすることがあります。彼らが焼いた肉は、噛んだ瞬間に、自分の火入れでは到達できない境地を思い知らされるのです。

恵比寿駅から白金高輪方面に歩くと、飲食店が少なくなった通りにその焼肉店は存在します。焼肉と言えばタンやカルビという時代、東京にハラミを広めた焼肉店として伝説となっているお店です。

店主はあまりお店に顔を見せませんが、その弟であるSさんがお店を取り仕切っています。「焼肉に命をかける」という言葉通り、お任せで次々に運ばれてくる肉たちは、まるで日本刀のように研ぎ澄まされています。

ハラミやホルモンを中心に、オーソドックスでシンプルなメニューですが、その全てがピンの素材とニンニクなどを効かせた韓国テイストの上品な味付けで構成されています。


そのお店で「お任せ」と頼むと、Ｓさんが付きっきりで肉を焼いてくれます。炭は最高潮の状態で運ばれ、３㎝ほどの分厚いハラミが網に乗せられます。

じっと肉を見つめるＳさんが動いたと思うと、すっとハラミを裏返します。表面には見事なメイラード反応が起き、ハラミの中の脂が表面でブツブツと爆ぜていきます。火の入り具合は、トングで掴んだハラミを左右に揺らした際の振動で、ハラミの弾力から把握します。

Ｓさんの焼いたハラミは、噛み千切るように食べるのがおすすめです。奥歯で噛み締めてみると、火傷しそうな肉汁が溢れ、口いっぱいに旨味が広がります。

ホルモンは素人が怖くて引き上げてしまうところから、さらに一歩進んで火を入れます。それでいて、焦げたり硬くなったりすることはなく、体験したことのない歯切れの良さが生み出されます。

　残念ながら、現在Sさんはこの焼肉店から離れてしまいました。あの研ぎ澄まされた環境で焼くSさんの焼肉を、いつかもう一度食べてみたいです。

　もう一人ご紹介する火入れの達人は、私は実際に焼いた肉を食べたことはありません。しかし、多くの伝説が語り継がれているのです。

　小山薫堂氏に「東の二郎は鮨を握り、西の二郎は肉を焼く」と言わしめた日本一のステーキ店の初代店主Yさん。自ら設計した炉窯で三田の最上級の雌牛のロースを焼いていました。

　現在はYさんの息子さんである2代目店主が肉を焼いていますが、その火入れも他の炉窯ステーキ店とは一線を画す唯一無二の火入れをします。

　表面は軽めのメイラード反応。ナイフでそっと切り分ければ、内部は旨味を100％舌に伝える絶妙な温度です。最高峰の和牛を日本一のステーキに押し上げる火入れは誰にも真似できません。

　厨房の中にはYさんのお孫さんである3代目も肉を焼いています。2代目も絶賛する火入れは、YさんのＤＮＡが宿っているのです。

第8章

海外から学ぶ Wagyuの世界

Chpater 8 :
The world of Wagyu

ALL ABOUT THE MEAT BUSINESS

1 世界に広がるWagyu

和牛の生体や精液は、1970年代から1990年代にかけて、アメリカに研究用として247頭の生体、1・3万本の冷凍精液が輸出されました。しかし、和牛の遺伝資源を保護するために、それ以降は生体や精液の輸出は行われていません。

アメリカに輸出された和牛は、アメリカの牛と交配が行われ、アメリカ産Wagyuが誕生しました。アメリカでは、当初アメリカ産Wagyuを日本に再度輸出するつもりでしたが、日本で生まれ育った和牛とは品質に差があったため、現在では国内だけの販売に方針転換をしています。

また、アメリカに輸出された和牛は、1990年代にはオーストラリアに生体や精液が輸出されています。オーストラリアでは、日本と同等の登録管理や品質管理を行うことで品質向上を実現させ、オーストラリア産Wagyuは東南アジア各国などに輸出されています。

ここでオーストラリア産のWagyuは、和牛遺伝子の交配割合に応じて、次のように定義されています。

・フルブラッドWagyu…和牛遺伝子の交配割合が１００％
・ピュアブレッドWagyu…和牛遺伝子の交配割合が93％以上１００％未満
・クロスブレッドWagyu…和牛遺伝子の交配割合が50％以上93％未満

右の和牛遺伝子の交配割合を見ると明らかですが、交配割合が50％のクロスブレッドWagyuもオーストラリア産Wagyuなので、品質のばらつきは存在しています。フルブラッドWagyuは、日本の和牛に由来する祖先を持つフルブラッドWagyu同士の交配で生まれ、異なる品種との交配がないものです。

外国産のWagyuの発展には、北海道のある生産者が大きく関わっていました。

美味しい和牛を世界中の人に食べてもらいたい、という思いで、独自で和牛の遺伝子を輸出していったのです。

全国和牛登録協会では、和牛の遺伝子を輸出しないように呼び掛けていましたが、その当時は和牛遺伝子の輸出を規制する法律は整備されていませんでした。

その北海道の生産者は、和牛の美味しさを世界に広めたという側面がありますが、和牛という知的財産の観点からすると、国益に反しているという側面もあります。

そして最近では、オーストラリア産Wagyuの精子を使って、中国産の牛と交配することで中国産Wagyuも誕生しています。

このように、外国産のWagyuが海外で多く流通するようになりましたが、外国産のWagyuを仮に日本に輸入しても、和牛として流通させることはできません。

2007年から、日本国内で和牛として流通するものは、日本国内で生まれ育った和牛しか認められず、10桁の個体識別番号で管理されている牛のみが和牛と呼ばれるのです。

こうして日本では、国産の「和牛」と外国産の「Wagyu」として区別しています。

また、これからも外国産のWagyuは増加する可能性がありますが、日本の農林水産省は規制や検疫の強化を実施するなどして、和牛という固有種を守ろうとしています。

その動きが実を結び、２０２０年には日本の戦略的農産物である和牛の遺伝資源を保護するために、「家畜遺伝資源に係る不正競争の防止に関する法律」が制定されています。

海外でのWagyuの価値はこれからも広がりを見せる一方、日本国産のWagyuのブランド価値は、世界から見てもより一層価値の高いものへとなっていくでしょう。事実、すでに今も海外の方々が日本産の和牛を求めて食べに来る数は増えているのです。

2 ― 海外で食べられる和牛の種類

2022年の世界の牛肉生産量は、約7500万トンを超えています。その中でもアメリカやブラジルは1000万トン以上で、それに中国、EU、インド、アルゼンチン、メキシコ、オーストラリアなどが続きます。

続いて、牛肉消費量はアメリカが世界最大ですが、それに次ぐ中国の消費量は年々増加してきています。また、1人当たりの牛肉消費量はウルグアイが世界一で、年間1人当たり60kg以上の牛肉を食べています。

では、世界ではどのような牛肉が食べられているのでしょうか。以下にいくつかの一般的な品種を紹介したいと思います。

①アンガス種

正しくはアバディーン・アンガスと呼ばれています。アメリカやアルゼンチンを中心に世界中で飼育され、肉用牛の世界三大品種の１つです。世界中で人気のある品種で、柔らかく風味豊かな肉質が特徴です。

アンガス種が広まる以前、牛肉は硬いために煮込みとして調理されることが一般的でしたが、アンガス種の登場によってステーキが広まりました。

②ヘレフォード種

イギリス原産の品種。肉用牛の世界三大品種の１つです。丈夫で飼育しやすく、イギリス以外でも在来種の改良に利用されてきました。成長は早く、赤身の多い肉質で肉繊維も粗いのが特徴です。

ヘレフォード種は元々角のある品種でしたが、アメリカで突然変異によって角のない牛が生まれ、これを基にして現在の種が作られました。

③ショートホーン種

イギリス原産の品種。肉用牛の世界三大品種の１つです。脚が短く、長方形の体形で肉付きが良い品種です。また、肉質も良く成長も早い点が特徴です。

④シャロレー種

フランス原産の品種。赤身の肉質ですが、風味が豊かで柔らかさがあります。

⑤リムーザン種

フランス原産の品種。シャロレー種より脂肪が少なく、極めて柔らかな肉質を持っています。

⑥キアニーナ種

イタリアの在来種。世界中の牛の祖先と呼ばれています。世界で最も大きな牛の品種でもあります。出荷頭数が少なく、非常に希少な品種です。

このように、以前は黒毛和種か国産牛といった選択肢しかなかった頃から、様々な選択肢が増え、牛肉の美味しさの幅が広がっています。

日本国内で食べられる海外産の牛肉は、アメリカ産とオーストラリア産が大きなシェアを占めていますが、イタリアやフランスの赤身主体の牛肉も人気があります。

特に、アンガス種やヘレフォード種、それら2種の交雑種などを放牧主体で飼育したものは、風味が豊かで黒毛和種とは違った赤身の旨味を持ち、赤身主体の品種の牛を好む料理人に人気があります。

ALL ABOUT THE MEAT BUSINESS

3 ― 和牛とWagyuは何が違うのか

和牛の輸出は、「和牛を世界に周知する」という目的で、１９９０年にアメリカを皮切りに始まりました。

当時は円高の時代で、アメリカでも一部の高級日本食レストランで扱われるくらいで、輸出量も年間5トンから6トン程度。１９９７年頃から、輸出量が増え始めますが、２０００年に口蹄疫、２００１年に牛海綿状脳症（ＢＳＥ）の日本国内の発生によって、アメリカをはじめ東南アジア各国などへの輸出ができなくなりました。その後、２００５年にアメリカ、２００７年に香港と、順次各国への輸出が再開されていきました。

２０１０年には、宮崎県で口蹄疫が発生したことで、再び全面的に輸出ができなくなってしまいましたが、口蹄疫の終息宣言後すぐに香港やマカオが輸出を再開し、翌２０１１

年にタイ、２０１２年にはアメリカやカナダなども輸出が再開されました。

輸出再開後、日本食ブームの後押しにより、和牛は高級な日本食材として非常に人気と需要が高まっていきます。中でもアジア諸国、特に中国や香港、台湾などの富裕層をターゲットにした輸出が増えています。

また、日本政府も和牛の輸出促進に力を入れ、輸出規制の緩和や輸出先の拡大などの施策を進めています。これによって、輸出量は右肩上がりに増加し、特に２０２１年以降は年間７０００トンを超える和牛が輸出されています。

ちなみに、２０２２年各国別の輸出量の内訳は、香港が18％、台湾が17％、アメリカが14％、カンボジアが12％、以下、シンガポール、タイ、ＥＵと続きます。

また、大きなシェアが期待される中国への輸出は現在も停止されていますが、カンボジアなどを経由して中国に輸出されている可能性も指摘されています。

最近の動向としては、新たな輸出先の開拓や和牛の品質向上に向けた取り組みが進んでいます。また、和牛のブランド化や付加価値の向上にも力が入れられ、より多くの消費者に和牛の魅力を伝える努力が各所で行われているのです。

要するに、和牛の海外への輸出は平成初期からスタートし、近年は急速に成長していると言えるでしょう。需要の高まりや政府の支援により、和牛の輸出は今後もさらに拡大していくことが期待されています。

一方、海外では日本から輸出された和牛ではない、Wagyuが多く流通しています。Wagyuとは、日本の和牛を指しているのではなく、サシの入った高級牛肉のことだと認識されてしまっています。

現在であればオーストラリア産のWagyuが広く知られ、アメリカ産のWagyuも着実に評価を上げてきています。

特にオーストラリア産のWagyuは、日本の和牛と同等の品質管理が行われていながら、はるかに安い価格で取引されているような状況です。

ALL ABOUT THE MEAT BUSINESS

4

サンフランシスコから見た和牛事情

年々増加している日本の和牛の輸出量ですが、その和牛は海外でどのようにして食べられているのでしょうか。

海外に輸出された日本の和牛は、高級レストランや特別な精肉店などで目にするケースが多いです。和牛はその独特の風味と、外国産の牛にはない霜降りの肉質が評価され、高級食材として海外でも人気があります。

２０１９年、サンフランシスコに行った際に、日本から輸入した和牛を扱う精肉店やレストランを回る機会がありました。

高級精肉店では、４㎝ほどのアメリカ産のサーロインやリブロースがずらっと並んでいて、日本のような薄切り肉はあまり置いていませんでした。肉はどれもそのままの状態で置かれていて、トレーなどには入れられておらず、陳列だけでも迫力がありました。アメリカ産の牛肉の最高グレードであるプライムも並んでいました。

アメリカ産の牛肉も、米国農務省（ＵＳＤＡ）によって日本と同じように格付けが行われ、牛の種類、成熟度、脂肪交雑、性別などを基準にグレードが決められています。

グレードは上位から、プライム、チョイス、セレクト、スタンダード、コマーシャル、ユーティリティ、カッター、キャナーの８段階です。ちなみに現在日本に輸入されるアメリカ産の牛肉は、プライム、チョイス、セレクトの上位３グレードのみです。

高級精肉店で販売される日本の和牛は１㎝程度の厚さで、部位はしっかりとサシの入ったサーロインかリブロースがほとんどです。ただ、１枚ごとに真空パックをされた状態で置かれることが多く、見た目には購買意欲を刺激するものではありませんでした。

高級スーパーでも日本の和牛は販売されていますが、こちらでは日本と同じように１枚ずつトレーでパッキングされ、日本に比べるとかなり高価ですが、現地の日本人も購入しているようです。

アメリカの高級レストランでは、米国産の牛肉だけでなく、和牛を食べる機会もありました。メニューには宮崎県産から、茨城県産、岐阜県産、兵庫県産、宮城県産など、様々な産地の黒毛和牛が並んだ圧巻のラインナップでした。

ただ、その調理法は日本の和牛の肉質に合わせたものというよりも、アメリカ産の牛肉の調理法を和牛に変えただけという印象でした。特に海外に輸出される和牛は、格付け等級はＡ５が中心で、かなり霜降りが強いものが多いので、分厚いステーキや塊のまま調理する料理など、霜降りの和牛よりも赤身の強い牛の方が適していると思います。

焼肉やすき焼きなど、日本の和牛を美味しく食べる方法を最も知っているのは日本人と言えます。だからこそ、日本の和牛の輸出を今後も継続的に伸ばしていくためには、単に品物を送るだけではなく、現地の消費者に喜んでもらえる食べ方も一緒に届ける必要があるのではないでしょうか。

ALL ABOUT THE MEAT BUSINESS

5 海外の人が和牛に求めるもの

2024年現在、移動の制限が解除され、円安が進んだ影響もあり、日本へのインバウンド需要が大きく増加しています。

近年、日本は観光地として人気を集めていて、多くの外国人観光客が訪れています。日本の魅力的な観光地や文化、食べ物、テクノロジー、アート、伝統的なお祭りなど、多くの要素がインバウンド需要に寄与しています。

また、日本政府が観光業の振興に力を入れていることも、需要の増加につながっています。特に、アジア諸国からの旅行者が増加し、韓国、中国、台湾、香港などからの訪日観光客が大部分を占めていますが、最近では他の地域からも増えてきています。

日本のインバウンド需要は観光だけでなく、食文化も大きな割合を占めています。以前からの日本食ブームは引き続き好調ですが、日本の食文化の１つである和牛を楽しみに来日する外国人観光客も増えています。

ステーキ店やすき焼き店も人気ですが、最近では焼肉が大人気です。インバウンド需要を意識した焼肉店は、英語表記のメニューを用意するのはもちろん、ホームページも英語表示のものを作成し、語学の堪能なホールスタッフを雇うようにしています。

こういった企業努力を行う焼肉店の中には、お客さんの80％近くがインバウンドで占められている人気店もあります。この数年で生活習慣が変わり、日本人の遅い時間での外食は減りつつありますが、代わりにその営業時間を埋めているのも外国の方だと言われています。

実際に都内の人気焼肉店でも、３回転目の遅い時間は、店内のほとんどのお客さんが外国人というのも珍しくありません。日本の焼肉店は海外でも有名で、どうしても食べてみたいという旅行者が多いのを私も肌で感じています。

日本を訪れる外国人の中には、本気で和牛を求めている方もいます。

・日本で食事をするためだけに、年に３回以上も日本を訪れるグルメ

・自国で豪州産Wagyuを扱うレストランを経営し、和牛を学びに来日したシェフ

・プライベートジェットで来日し、最高級の和牛だけを召し上がりたい某国の王族

私もこういった方々と一緒に食事をしたり、おすすめのお店の予約をしてあげたりすると、彼らは正直な感想をダイレクトに伝えてくれます。興奮しながら賛辞を送ってくれる時もあれば、「あそこの料理はあまり口に合わなかった」といった感想もあります。

こういった際、必ず聞いているのが「どんなポイントが気に入って、どんなポイントが気に入らなかったのか」です。こうして感想を集めていくと、日本を訪れる方が和牛に求めるのは圧倒的に「柔らかさ」だと感じます。噛み応えのある部位を食べてもあまり喜んでくれないのです。

なぜなら、そういった肉は自国でも食べることができるので、せっかく日本を訪れたのであれば、和牛の特徴の1つである柔らかさを存分に味わいたいそうです。

脂質が悪くサシ重視の去勢牛のサーロインなどを食べると、胃もたれするとはっきりと言われるので、彼らを心から満足させるピンピンの和牛を食べてもらうのは大変なことでもあります。

海外だけで有名な渋谷のステーキ店

土地勘がない場所で飲食店を見つける際、食べログなどのサイトを利用して、評価やレビュアーの口コミを参考にお店を選ぶのが一般的かと思います。

海外旅行の場合も、語学が堪能でない限り、旅行雑誌や日本語で書かれたサイトで飲食店を探すでしょう。


逆に、海外から日本を訪れる外国人は英語などで書かれたサイトで飲食店を見つけるか、ホテルのコンシェルジュを利用します。海外の旅行サイトで有名なものとして、「トリップアドバイザー（TripAdvisor）」があります。

日本国内の飲食店でも、例えば食べログとトリップアドバイザーでは、高評価のお店は必ずしも一致しません。

日本ではそれほど人気がなくても、海外のインフルエンサーが高得点をつければ、海外からの旅行者にのみ有名なお店が生まれるのです。

例えば、渋谷に某Hという鉄板焼き店があります。

2023年12月時点で、食べログの評価は3・11、決して高評価とは言えません。このお店は創業50年以上ですが、口コミの件数は16件のみです。

一方、トリップアドバイザーでの評価は4・5と高得点で、なんと口コミは688件も投稿されています。英語で投稿された口コミはどれも絶賛する内容ばかりです。

このように、日本では無名に近い鉄板焼き店が、海外では有名店というケースが結構存在しているのです。

私もつい最近、海外からの旅行者のInstagramで初めてその存在を知りました。調べてみると、Instagramでの投稿数はすごい数で、そのほとんどが海外からの旅行者でした。

Hの創業は1966年で、神戸ビーフをはじめとした黒毛和牛を鉄板焼きでリーズナブルに食べられるお店です。

Hの店内は、お店の店員に間違って英語で話しかけられる日本人のお客さんがいるほど、インバウンドの外国人ばかりです。むしろ、日本人の方が肩身の狭い思いをしてしまうくらいの雰囲気です。

神戸ビーフは、素牛を但馬牛とする特別なブランド牛ですが、一般的な日本人には、数ある他のブランド牛との違いはあまり認知されていません。

しかし、海外では、kobe-beefのネームバリューは絶大です。Wagyu＝kobe－beefだと思われていたり、Wagyuの中の最高品質のブランド牛がkobe-beefだと認識されています。

だからこそ、本物の神戸ビーフ、目の前で調理される鉄板焼きのライブ感、1万円でお釣りがくる比較的手頃な価格帯、どれをとっても旅行者に人気があるのは納得ができます。

今後インバウンドが増えることを考えると、英語でのウェブサイトを充実させることで海外旅行客が入りやすくなり、予約や注文をオンラインにすれば、海外のお客さんの利便性を高めることができます。

また、メニューや案内の多言語化だけでなく、外国語が話せるスタッフの配置などを検討するのも良いでしょう。

これらの対策をしっかりと実施することで、飲食店はインバウンドの集客効果を高められるのではないでしょうか。

第9章

これからの肉ビジネスの世界

Chpater 9 :

The future of the meat business

1

肉産業の環境と倫理問題

地球温暖化は、地球の大気中の温室効果ガスが増加することで、地球全体の平均気温が上昇する現象です。温暖化によって気候変動が起こり、降水パターンや季節の変化が不安定になり、異常気象現象（ハリケーン、洪水、干ばつなど）が頻発するようになりました。

温暖化が与える影響は農業や食糧供給だけでなく、生態系や人間の生活にも大きく関係しています。

また、氷河や極地の氷の融解によって、海面が上昇し、低地や島嶼国家などの沿岸地域が浸水や水没のリスクにさらされています。塩水の浸透によって農地や地下水の淡水資源も損なわれる可能性があります。

温暖化は、生物多様性への脅威にもなり得ます。生物種は特定の気候条件に適応して生息していて、気温や降水量の変化によって生息地や生活環境が変化すると、絶滅や生態系の破壊が進む可能性があります。

地球温暖化を止めるには、温室効果ガスを減らしていく動きが必要になります。温室効果ガスはいくつかのガスで構成されていますが、最も大きな割合を占めるのが二酸化炭素（ＣＯ２）です。過去数十年間、人間の活動によって大気中のＣＯ２濃度が急激に上昇し、これが地球温暖化の主要な原因と考えられています。

また、ＣＯ２に次いで総排出量が多い温室効果ガスがメタンガスです。実は反芻動物（一度飲み込んだ食べ物を再び口の中に戻して、再咀嚼する動物）である牛のゲップには、メタンガスが多く含まれています。

メタンガスはＣＯ２の25倍の温室効果がありますが、世界の温室効果ガスの約４％が牛のゲップによるものであると言われています。

牛から排出される温室効果ガスを適切に抑制することは、ＳＤＧｓ（持続可能な開発目標）の第一歩にもつながります。

日本だけでなく、世界中の食文化を支える牛肉の価値を踏まえながらも、環境負荷への軽減など、持続可能な牛肉生産に取り組むことが大事なのです。

すでに現時点でも、牛から排出される温室効果ガスを削減する研究や対策が実施されているので、いくつかご紹介します。

①飼料の改良

牛から排出されるメタンを抑制する成分の研究が進められています。代表的なのは、紅藻類のカゲキノリという成分を飼料に配合することで、メタンの生成量を抑制することができます。

②メタン排出量の少ない牛の研究

メタンの排出量には個体差があることがわかっているので、メタンの排出量が少ない牛のルーメン（牛の第一胃・ミノ）の中の微生物の研究が行われています。

③飼料自給率の上昇

現在、飼料の多くは輸入に頼っていますが、飼料自給率を高めることで、輸入に伴う環境負荷を軽減させることができます。

これら以外にも、温室効果ガスの排出量削減対策が必要になります。例えば、再生可能エネルギーの利用や、エネルギー効率の向上、森林保護や持続可能な農業の推進など、様々な対策が挙げられます。

加えて、国際的な協力や個人の意識改革も重要だと思います。

これからも美味しい牛肉を食べ続けるためにも、温暖化の問題に取り組むことは、地球と私たちの未来にとって不可欠な課題と言えるのです。

ALL ABOUT THE MEAT BUSINESS

2 減少し続ける生産農家

農林水産省が年に1回公表している畜産統計によると、令和5年2月1日時点での肉用牛の生産農家の戸数が、1960年の統計開始以来、初めて4万戸を下回りました。

生産農家の戸数は、10年以上ずっと減少傾向ですが、同じように減少傾向にあった飼育頭数は2000年頃から増加傾向になりました。

これは生産農家の大規模化が進んだことで、1戸当たりの飼育頭数が増加していることを意味しています。そして、これは繁殖農家も肥育農家も、ほとんど同じ傾向が見られます。

①生産農家の高齢化

生産農家が減少している現状には、いくつかの理由が重なっています。

生産農家の跡取りとなる若者は、全国的に都市部への流出が進み、都市での生活や働き方の選択肢が増えたことで、生産農業を継承する意欲や機会が低下している可能性があります。また、労働時間の長さや過酷な労働条件は、若者が農業を継承する意欲を減退させる要因となっています。

②高い経済的負担

和牛の生産には高いコストがかかります。飼料や施設の維持、血統や品質の維持など、多くの費用がかかるため、跡取りがいない場合は経済的負担が大きくなってしまいます。

③継承の難しさ

和牛の飼育には専門的な知識と技術が必要です。また、家族経営の場合、農家経営のノウハウや家族の関係性など、継承には多くの要素が絡んでくるところもあり、その複雑さから継承者が見つからない場合もあります。

これらの要因が重なり、「和牛の生産農家の跡取りが生まれない」という問題が生じていると言えます。この問題を解決するためには、若者への農業の魅力発信や労働環境の改善、経済的な支援など、継承を促進する取り組みが必要です。

1980年代から1990年代にかけて、和牛の需要が急速に増加し、価格が上昇しました。この時期、和牛のブランド価値が高まり、高級食材としての需要が高まったため、生産農家にとっては利益を上げる好機でもありました。

その後2000年代以降は、経済状況や消費者の需要の変化により、和牛の市場は変動しました。生産農家にとっては、生産コストの増加や需要の減少によって収益が減少するなど、厳しい時期となりました。

しかし、最近では和牛の需要が再び高まり、国内外の高級レストランや外食産業での需要が増えています。また、輸出市場でも注目を集め、一部の生産農家は再び利益を得やすい時期を迎えていると言えます。

和牛の生産農家の利益は、需要と供給のバランスや市場の状況、生産農家自身の経営能力などによって異なってくるのです。

今後の生産農家では、SNSなどを活用できる場面が増えてくるでしょう。

SNSを通じて、農家のストーリーや価値観を伝えることで、消費者にアピールができ、市場を通さずに直接消費者に肉を販売するなど、消費者とのつながりを深めることができるようになるかもしれません。

また、ＳＮＳ上で生産農家同士がつながることで、お互いに助言やサポートができたり、同じ関心を持つ人々とのコミュニティを形成したりすれば、情報交換や問題解決に役立てられます。こういったＳＮＳの活用には若者の方が適していると言えるでしょう。

最後に、環境への配慮や持続可能な生産方法への関心が高まっているので、生産農家は持続可能性への取り組みを進める必要があります。例えば、エネルギー効率の改善、排出物の削減、地元の生産者との協力など、これまでの生産以上に考慮しなければいけない要素が増えているのです。

ALL ABOUT THE MEAT BUSINESS

3 仲卸業者・精肉店の未来

かつて、牛や馬の売買や交換は、馬喰（ばくろう）と呼ばれる家畜商によって行われていました。馬喰は同じ読み方で、「博労」「伯楽」「白楽」と書くこともあります。

現在の牛の売買は、生産者が食肉市場に出荷し、それを仲卸業者がセリ落とします。仲卸業者とは、卸売業者である食肉市場と小売業者を仲介する業者のことです。

仲卸業者は、市場開設者（東京食肉市場の場合は東京都知事）による許可制度によって、食肉市場内での売買参加権が与えられます。仲卸業者がセリ落とした枝肉は、分割されたりして、卸業者や精肉店、飲食店などの小売業者などに販売し、卸売業者と小売業者の仲を取り持つので、仲卸業者と呼ばれています。

このように、仲卸業者の役割は大きく2つに分けられます。

1つ目は、セリで卸売業者から枝肉を買い受ける肉の評価です。セリは高額な価格をつけた仲卸業者がセリ落とせるので、仲卸業者が肉を評価して価格を決定しています。枝肉の評価時には、セリの中で瞬間的な判断が重要となります。

2つ目は、小売業者のほとんどは枝肉を1頭丸々使用することが難しいので、枝肉を分割して小売業者や飲食店に卸しています。仮に仲卸業者が存在しない場合、小売業者や飲食店では枝肉を使い切るのが難しいことが多いです。

和牛の仲卸業者や精肉店では、今後どのような変化が起こるのかを考えてみます。

①国内需要の変化

和牛の需要は国内外で高まり、特に海外への輸出が増加しています。今後も高品質な和牛への需要は続くと予想されます。ただし、消費者の好みやライフスタイルの変化によって需要が変動する可能性もあります。

②品質管理とブランド価値の向上

ブランド和牛のブランド力ではなく、仲卸業者や精肉店そのもののブランド価値の向上が求められます。それに伴い、品質管理のさらなる向上が求められるでしょう。今後の消費者は、以前にも増して、安全性や動物福祉などに重点を置いた高品質な和牛も求めてきます。

③技術と効率化の進化

流通における冷凍技術をはじめとした、様々な技術と物流などの効率の進化が求められるでしょう。

④環境と持続可能性への取り組み

持続可能な農業や食品産業への関心が高まっています。環境への負荷を軽減し、資源の持続的な利用に取り組む必要があります。例えば、再生可能エネルギーの導入や廃棄物のリサイクルなどが重要な取り組みとなります。

これらの要素を考慮しながら、今後も肉産業は発展し続けると予想されます。需要の変化や技術の進歩に対応するために、柔軟性とイノベーションの精神を持ちながら、持続可能なビジネスモデルの構築が求められるでしょう。

ALL ABOUT THE MEAT BUSINESS

4 焼肉店の未来①

昭和の焼肉と言えば、朝鮮料理から生まれた日本焼肉として、カルビにロースといったシンプルなスタイルでした。

それが平成になると、日本の食文化が多様化し、人々の興味や好奇心も広がっています。そんな時代の中で、希少部位やA5といった見た目の美しさと、美味しさを兼ね備えた和牛に対する関心も高まってきました。

また、食べログをはじめとしたグルメサイトやSNSの普及により、料理や食べ物に関する情報が簡単に共有できるようになりました。特に、平成の終わりの頃には肉割烹を彷彿させる創作肉料理を織り込んだコース焼肉が一気に増えました。創作肉料理は見た目の美しさも秀逸で、SNSでの「映え」も抜群です。

見た目のインパクトがあり、美味しそうな料理や特別な部位の焼肉を見かけ、それに触発されて自分たちも食べてみたくなり、創作肉料理を織り込んだコースを提供する焼肉店に人気が集まりました。こういった焼肉店は、差別化のために、但馬牛のような人気のブランド牛を扱うようになり、コースの価格もどんどん高額化していきました。

そして、令和になると、高額な創作肉料理のコース内容が、キャビアやウニが乗ったユッケ、厚切りのタン元、ヒレカツサンド、焼きすき（薄切りのサーロインを焼いてから卵につけて食べるメニュー）など、多くの焼肉店で似通ったものになってきました。

また、2、3万円もする高級焼肉だからこそ、仮に美味しかったとしても、驚きもなくなり飽きてしまう人もいるでしょう。

そんな中で人気が急上昇しているのが、昭和の雰囲気が漂う町焼肉です。居心地の良さを無視した煙たい空間、こぢんまりとした店内、ぶっきらぼうな接客をするおじちゃんやおばちゃんなど、他のジャンルの飲食店ではマイナスになりかねない要素が、焼肉というジャンルに限ってはなぜかプラスになることがあるのです。

今後さらに人気が上がるであろう町焼肉ですが、お店自体は後継者不足などの影響から、その軒数は減少してしまうかもしれません。

近年人気の焼肉店の特徴は、ＳＮＳで映えるタンやハラミを前面に出すお店が多い印象です。牛の部位の中でも特徴的な味わいの部位は爆発的な人気があります。

その一方で、前にもご紹介しましたが、焼肉店の仕入れで最も苦労する部位は和牛のタンとハラミです。

なぜなら、内臓類として流通されるタンやハラミはセリがなく、卸業者は割り当てられた量を販売できるのみで、仕入れの量を自ら調整できないからです。そのため、タンやハラミは古くから付き合いのある焼肉店に卸す分のみで、新規顧客への販売がほぼできないという状況なのです。


この状況が変えたのがコロナでした。コロナ禍でお客さんが激減し、やむなく営業を止めていた焼肉店の仕入れに急ブレーキがかかったことで、今までずっと品切れだった卸業者のタンやハラミが売れ残る事態が発生しました。

そんな時に卸業者に取り合わせをしたニューオープンする焼肉店などが、通常ではまず手に入らない宝を仕入れられるようになったのです。

２０２４年現在のコロナが落ち着いた後も、この時の卸業者との縁によって、仕入れが続いているケースも多いようです。ただし、今後も和牛のタンやハラミが仕入れる難しさは変わらないので、焼肉店では外国産の品物を上手に扱うことも大事になります。

5 焼肉店の未来②

飲食店の人手不足は、現在の日本の社会問題の1つとも言える事態です。

日本の労働力人口(15歳以上人口のうち、就業者と完全失業者を合わせた人口)は、高齢化や少子化の影響によって減少しています。このため、多くの業界で人手不足が発生し、飲食業界もその1つです。

飲食業界は労働時間が長く、肉体労働が求められるなど、一般的に厳しい労働環境であるとされています。また、賃金や待遇の面でも改善が必要で、これらの要因が人手不足の一因となっています。

また、近年では仕事における多様化が進み、フリーランスや自営業、オンラインビジネスなど、自由な働き方を求める人が増えています。そのため、飲食業界への就業意欲が低下していると考えられています。

飲食業界は、高いスキルが重宝される一方で、比較的低いスキルや経験を持つ人でも就業しやすい業界とも言われています。そのため、他の業界への転職や離職率が高い傾向にあり、人材の定着が難しい状況が長く続いています。

焼肉店に限れば、網の交換や炭の準備など、危険な労働が含まれていたり、煙による匂いが体についてしまったりなど、決して人気の飲食店ジャンルではありません。

また、料理人という角度で見たとき、焼肉店の料理人というのが、他のジャンルに比べて低く見られてしまいがちなのも事実です。このため、他の飲食店からスキルの高い人材が転職してきにくいことも考えられます。

これらの複合的な要因によって、飲食店の人手不足はより一層深刻化し、多くの店舗がスタッフの募集に苦慮しています。その解決策としては、労働環境や待遇の改善、働き方の柔軟化、技能習得の支援など、働き手の確保に向けた施策の充実も必要です。

東京はミシュランガイドにおいて、星の数が世界一の美食都市です。そんな東京だけでなく、日本の焼肉店がミシュランガイドの星をとったお店は1つもありません。

ミシュランガイドの評価基準は料理の質、サービス、雰囲気など様々な要素によって決まります。しかし、焼肉は調理の最終工程である火入れをお客さんに委ねるので、厳密に料理と定義するのが難しいと言われているのです。

しかし、海外を見てみると、中国や台湾では、ミシュランガイドで星を獲得している焼肉店は存在します。こういった星付きの焼肉店は、日本から輸入した和牛を店員がフルサポートで焼いてくれるスタイルがほとんどのようです。

私は海外の焼肉も数多く食べてきましたが、焼肉のクオリティは日本が世界一だと思っています。また近年では、店員がフルサポートで肉を焼く高級焼肉店も増えてきています。

近い将来、日本の焼肉店でもミシュランガイドの星を獲得する焼肉店が出てくることでしょう。

ALL ABOUT THE MEAT BUSINESS

6 ―― すき焼き店・ステーキ店の未来

すき焼きの歴史は諸説ありますが、明治時代初期に牛肉を煮込んで食べる牛鍋が流行したことが発端とされています。一言で牛鍋と言っても、薄切りの肉を使ったものや、ぶつ切りの肉を使ったものなど、様々なタイプがありました。

現代のすき焼きと共通しているのは、肉や野菜を一緒に鍋に入れて、ぐつぐつと煮込む料理ということです。その中で、薄切り肉を鍋で焼くタイプのものがすき焼きとして統一されていきました。

すき焼きは地域によって違いが見られる料理でもあります。関東風のすき焼きは、醤油、みりん、砂糖、出汁などで作られた割り下を鍋に薄くひいて焼くように煮ます。

一方、関西風のすき焼きは、まず鍋で肉を焼いてから、砂糖や醤油などで味付けをしていきます。関西風のすき焼きは出汁を使用しないので、関東風のすき焼きに比べて少し味が濃い目に調整されることが多くなります。それ以外にも、京都や北海道など、それぞれの地域で親しまれるスタイルがあります。

「牛肉の柔らかさ」「サシの甘みと甘辛い割り下との味わい」など、すき焼きは日本人のＤＮＡに響く美味しさを持っていると思いますが、焼肉店が若者から中高年までの客層でにぎわっているのに対して、すき焼き店では若者をあまり見かけません。

若者が焼肉を好んで食べる一方で、すき焼きへの関心が薄まってきている理由はいくつか考えられます。

まず、焼肉は比較的手頃な価格帯で楽しめる料理ですが、すき焼きは高級ブランド牛を使用することが多かったり、仲居さんが付きっきりで肉を焼いてくれたりするので、価格設定が高めになることが挙げられます。

こうして、経済的な制約のある若者にとっては、焼肉が手頃な選択肢として残ることになります。

また、焼肉は部位や味付けのバリエーションが豊富で、カジュアルに楽しめるのが魅力ですが、すき焼きは比較的単調な味わいになる点や、伝統的な日本料理として若者の間ではあまりポピュラーではない点も挙げられるでしょう。

ところが、最近ではカウンターのみの店内で食べる1人すき焼き店がオープンし、手頃な価格と1人での入りやすさ、そしてSNSとの相性も良く、若者を中心に人気に火が付きはじめています。

鉄板焼き店やステーキ店も、すき焼きと同じような傾向にあり、一部のお店では若者離れが顕著に見られる業態です。

ステーキ店で人気があるスタイルは、ブランド牛ではなく、外国産の輸入牛肉を扱ったリーズナブルなステーキ店が話題です。また、魚介の前菜にメインのステーキといった従来のオーソドックスな鉄板焼きではなく、創作肉料理をコースに加えたような鉄板焼き店は、トレンドに敏感な若者からも支持を受けているようです。

また、高級ステーキの代名詞的な炉窯ステーキは、ここ数年、東京の銀座を中心に全国的にもお店が増えています。本物志向の強い消費者は中高年だけでなく、若者の中にも一定数存在するのです。

ALL ABOUT THE MEAT BUSINESS

7

海外への肉の輸出はどうなるのか

近年、アジアを中心に海外消費者の所得が向上したことで、日本の農林水産物・食品の潜在的購買層が増加しています。また、日本を訪れた外国人旅行者を通じて、日本の農林水産物・食品の魅力が海外に広まったことで、輸出額が伸びています。

この状況の中で、農林水産省は農林水産物・食品の輸出拡大実行戦略に基づいて、2021年には1兆円を突破した輸出額を、2025年に2兆円、2030年に5兆円にするという目標を掲げています。

この目標を達成するために、これまでは国内市場に依存していた農林水産業・食品産業の構造を、成長する海外市場で稼ぐ方向への転換が不可欠となっています。

農林水産省の農林水産物・食品の輸出拡大実行戦略は、日本の農林水産物や食品を海外市場に積極的に展開し、輸出促進するための取り組みです。その概要は次の通りです。

①海外市場開拓

日本の農林水産物・食品の需要が高い国、地域を重点的に選定し、現地需要や消費トレンドを分析して、適切な商品や市場戦略を展開します。

②品質・安全性の向上

日本の農林水産物・食品は高品質で安全なものとして評価されています。農林水産省は、品質管理や食品安全基準の厳格化、農産物の生産管理の徹底などを通じて、品質と安全性をさらに向上させる取り組みを行っています。

③マーケティング支援

農林水産物・食品の輸出をサポートするため、広報活動やマーケティング支援を行います。海外のバイヤーや消費者に対して、日本の農林水産物・食品の魅力や特長を伝えるためのプロモーション活動や展示会への参加などが行われます。

④輸出関連施設の整備

輸出拡大の支援に向け、輸出関連施設の整備や改善が行われます。例えば、冷凍倉庫の増設や改良、輸出用パッケージング施設の整備を行い、輸出業務の効率化を図ります。

⑤輸出支援制度の充実

農林水産物・食品の輸出に関する支援制度や助成金の充実も行われます。輸出業者に対して、市場調査や販路開拓を支援し、輸出拡大を目指していきます。

このような農林水産省の取り組みを通して、日本の農林水産業の国際競争力を高め、農産物の付加価値向上や地域経済の活性化を目指しています。また、農林水産省の農林水産物・食品の輸出拡大実行戦略において、牛肉は重要な位置を占めています。

海外で評価される日本の強みがあり、輸出拡大の余地が大きく、関係者が一体となった輸出促進活動が効果的な品目を輸出重点品目として、29品目が選定されましたが、牛肉はその中の1つです。和牛は世界中に認められ、人気が高く、引き続き輸出の伸びに期待ができるというのがその理由なのです。

農林水産省の農林水産物・食品の輸出拡大実行戦略による取り組みにより、日本の牛肉の国際競争力を高め、今後も輸出拡大を目指しています。

ALL ABOUT THE MEAT BUSINESS

8

ハラルへの取り組み

　ハラル（halal）とは、イスラム教の教えに基づいて「許されている」を意味するアラビア語です。イスラム教徒であるムスリムにとって、ハラルは食べ物だけでなく、行動や服装などといった全てのものごとに対して、それが神に許されているのかどうかがベースとなる、重要な宗教的な要素です。

　牛肉を輸出するにあたって、イスラム教が主要な宗教とされる国々の場合、ハラルへの対応は考慮する必要があります。例えば、国教がイスラム教のサウジアラビア、アラブ首長国連邦、カタール、バーレーン、イスラム教徒が多数派を占めるマレーシアやインドネシアなどです。

　ただし、ハラルの基準は国や地域によって異なる場合があり、具体的な要件については、輸出先の国の法律や規制、ハラル認証機関のガイドラインなどを確認することが重要となります。

和牛の輸出において、ハラルの基準を満たすためにはいくつかの対応が必要です。

①屠畜方法の確認

ハラルに適合するためには、動物はイスラム教の教えに基づいた方法で屠畜される必要があります。屠畜の際には、特定の祈り（ビスミラー）が唱えられ、牛が最も苦しまない方法で屠畜するために、牛の首を一気に切り落とし、血を自然に落下させます。また、食肉処理はムスリムしか行うことが許されていません。

②食肉の原材料

ハラルの基準に適合するためには、ハラル対応した飼料での牛の飼育が求められます。

③製造プロセスの管理

ハラルの基準を満たすためには、製造プロセス全体でハラル基準が遵守されていることを確保する必要があります。製造施設の清潔さ、ハラル製品と非ハラル製品の混合を防ぐための適切な管理、ハラル認証を受けた組織や機関の監査などが含まれます。

④ハラル認証の取得

ハラルの基準を満たすためには、信頼性の高いハラル認証機関からの認証の取得が必要です。ハラル認証は、輸出先の国や地域によって異なる場合があるので、その国や地域に適した認証の取得が重要です。

これらの対応を遵守することで、和牛の輸出がハラルの基準を満たすことができます。ただし、具体的な要件は国や地域によって異なる場合があるので、事前に輸出先の要件の確認は必ず行う必要があります。

ちなみに、イスラム教ではハラルの基準を満たした牛肉や鶏肉を食べることは許されていますが、豚肉はイスラム教の教えに基づいて禁じられたもの（ハラム）として、食べることを厳しく禁止されています。

また、豚肉そのものはもちろん、豚由来の成分が含まれている食べ物や、豚が含まれた飼料を食べた家畜なども禁止対象になっています。

私が肉について発信し続ける理由

2005年3月に食べログがサービスを開始する数か月前、2004年12月29日に焼肉業界に衝撃を与える1つの伝説的なサイトが立ち上がりました。それが「YAKINIQUEST.com」です。

焼肉を愛する男女5名が覆面で東京の焼肉店を中心に食べ歩き、その中でオススメの焼肉店を「リスペクト店」、肉のポテンシャルを最大限引き出すための「焼奥義」、地方遠征の様子を「焼肉遠征」などとして紹介しています。その中でも私は「肉コラム」の更新が楽しみで、毎朝PCを立ち上げて最初に確認するのが肉コラムだったほどです。

ブログ全盛だった2008年、「私もこれだけ焼肉を食べ歩いているのだから、その様子を発信すればヤキニクエストのメンバーと知り合えるかもしれない」という思いから、No Meat, No Life.(https://nomeatnolife-bms12.hatenablog.com/)というブログで初めて肉についての情報発信を始めました。

覆面で訪れた日々の焼肉店の感想を食べたメニューごとに書き、年末にはその年に食べた焼肉店の中で特に素晴らしかったものを「焼ニシュラン」として公表しました。

当時の携帯カメラは画質が悪く、コンパクトカメラや一眼レフカメラで肉の写真を撮っていましたが、そんなことをするお客さんは他にあまりいませんでした。かなり変わったお客さんに見えていたかもしれません。

このブログは10年以上続けましたが、他のＳＮＳによる発信に移行しながら２０１８年で更新をストップしています。

このブログのおかげで、当初の目的であったヤキニクエストのメンバーと知り合い、一緒に網を囲めたり、著書『肉バカ』を出版することができたりなど、多くの出会いや貴重な経験ができました。

ブログ以外にＸ（旧Twitter）でも発信していましたが、転機となったのはInstagramを始めたことでした。

ＳＮＳの発展と、世の中の焼肉ブームが盛り上がるほどに、そのブームが肉の本質からズレてきていると感じるようになりました。そこで、少しでも肉の本質を知ってほしいという思いが強くなった私は、信頼感を増すように覆面ではなく名前と顔を出して、Instagramへの投稿を始めました。

また、ブログの頃から大事にしてきたのが、生産者にスポットライトが当たるようなコンテンツを作ることでした。

経済性が重視される世界で、美味しさにこだわり続ける生産者が個人でもブランド化し、今よりも利益が出るようになれば、そのこだわりをいつまでも続けることができ、それを追従する生産者が増えると思っているからです。

どんなに思いが強く、こだわりが強くても、利益が出なくてはビジネスを継続することができない上に、後継ぎも見つからなくなってしまいます。

ただ正直に言えば、肉の本質を多くの人に知ってもらうことも、こだわりのある生産者にスポットライトが当たることも、私がいつまでも美味しい肉を食べたいからです。

自分が100歳になっても食べられる肉、食べたいと思える肉にずっと残ってほしいのです。そのために、私は今日も肉の発信を続けているのです。

終章

外国人に日本の肉を振る舞う

Chpater 10 :
Serve Japanese meat to foreigners

ここまで牛肉に関する「肉ビジネス」について書いてきましたが、最後に肉を食べ続けた結果、私が体験した話をしたいと思います。

本書の冒頭に書いたように、私は肉の美味しさに魅せられて、毎日肉を食べてしまいます。美味しい肉に出会って感動することもあれば、悲しくなるほどガッカリすることがあります。ただ、決して肉で承認欲求を満たしたいわけでも、肉でお金を稼ぎたいのでもなく、とにかく自分が美味しいと思う肉を追い求めてきただけでした。

こうした考えで純粋に肉を追求し続けて15年が経つ頃、自然と世界が変わってきました。日常生活を送っているだけでは絶対に知り合えない人たちに、私が本当に美味しいと思う肉を食べてもらう機会に恵まれたのです。

その最初のきっかけはＢＢＱでした。当時の東京には、但馬牛のような最高級の牛肉を扱うお店がほとんどありませんでした。というか、最高の和牛の存在すら知りませんでした。私が知る限り、当時の東京で性別、月齢、生産者、血統までこだわった但馬牛を扱っていたのは「麤皮（あらがわ）」くらいでした。

そんな最高級の肉を独自のルートで兵庫県から仕入れ、一流の焼肉店やステーキ店などの店主に調理してもらうＢＢＱを開催したところ、参加希望者が70名ほど集まりました。このＢＢＱは年に1回のペースで開催し、7年ほど続くイベントになりました。

コロナで一時実施できませんでしたが、今ではBBQの復活の要望を聞くようになりました。しかし、正直な気持ちとして、主催していたBBQは役割を終えたので、無理してボランティアで開催する意欲が起きないのです（笑）。なぜかというと、BBQを開催した当初は、東京では全く知られていなかった長期肥育の但馬牛も、今ではこだわりを持ったいくつかの飲食店が扱うようになったからです。

このBBQを通じて、現在につながる人脈を作り、そこからグルメな方はもちろん、芸能人やスポーツ選手、会社経営者といった方々と網を囲む機会が増え、自分なりに肉の素晴らしさを布教することができました。

BBQの開催、SNSでの発信、本の出版、テレビの出演、YouTubeなどを通じて、日本国内だけでなく、海外の人からもオファーをもらうようになりました。

「来月、日本に行くんだけど、オススメの和牛レストランを教えてほしい」

「小池さんオススメの焼肉店を予約してほしい」

「私と焼肉を一緒に食べてほしい」

いただくオファーの中には対応できないものもありましたが、中でも印象深いオファーが1つあります。

「今銀座にいるんだけど、今夜神戸ビーフを食べたいので、お店を予約してほしい」

と、突然Instagramに海外の男性の方からDMが届きました。普段は海外の方から頼まれても、ドタキャンがあった場合にお店に迷惑がかかるので、飲食店の予約は受けないようにしています。ただその時は、すでに銀座にいて、今夜食べたいということは、さすがにキャンセルはないだろうと思い、希望通りの神戸ビーフが食べられるステーキ店を予約してあげました。

すると夜中に連絡があり、「今夜のステーキが最高だったので、明日は焼肉が食べたい」とお礼とさらなるオファーが届きました。素直な嬉しい反応に、翌日の焼肉店も予約してあげました。

翌日にまたDMを受け取りましたが、内容はこれまでの予約に関するお礼でした。

しかし、そこに添えられた写真は、明らかにプライベートジェットの機内で撮られたものでした。世界にはすごいセレブがいると驚いたと同時に、「半年後に再度来日する際に一緒に食事をしよう」というオファーに思わず、快諾してしまいました。

半年後、東京で一番美味しい神戸ビーフのステーキ店を予約し、一緒に最高のステーキを楽しみました。食事後は宿泊している5つ星ホテルのラウンジで話をしたのですが、そこでわかったのが、その一行は単なる海外のお金持ちではなく、某国の王族の方々でした。

帰りはお土産を持たされ、ハイヤーで自宅まで送ってもらいましたが、翌日にまたホテルに呼び出されました。ホテルに着くと、前日の食事の際にスマホで写真を撮っていた私を見て、高級な某メーカーのカメラをプレゼントされました。

そこから日が経ち、今度はその方々が住む国に行き、日本人で唯一王室のキッチンに入らせてもらったり、王子様の自宅で肉を焼いたり、最後は某メーカーの高級時計をプレゼントしてもらいました。

こうした稀有な経験をできたのも、誰よりも肉に向き合い、ひたすら肉を食べ続けた結果だったと捉えています。これからも楽しい経験ができるよう、世界中で愛される肉を日本から世界に伝えていきたいです。

おわりに

この本を執筆するにあたって、今までの知識を確認する作業がありました。

これまでの経験からくる感覚には、当然ですが科学的な実証がありません。また、私はプロの料理人でもないので、肉を焼くという行為についてもオリジナルなものです。

しかし、どんな料理人よりも肉を焼いて、それを自分で食べるという経験に勝るものはないという思いから、『肉ビジネス』を書き上げました。

諸説ある肉の歴史についても、改めて調べ直してみましたが、言葉の定義などによって諸説あることにも納得ができました。また、肉ビジネスを通して、地球温暖化やＳＤＧｓ、アニマルウェルフェアといった課題についても深く考える機会になりました。

肉ビジネスの世界には、多くの関係者がいます。生産者や仲卸業者、飲食店だけでなく、家畜の飼料メーカー、農林水産省や様々な関連団体などです。これらの関係者が日本の肉を守り、育て、世界に求められる品質に成長させているのです。こうした方々の努力によって、私たちは美味しい肉を日々楽しむことができています。

こうして「おわりに」を書いていると、私は肉について発信し続けることで、世界に誇る日本の肉ビジネスの発展に、微力ながら協力したいと改めて考えました。

今までは、主に美味しいお店の情報などを発信していましたが、肉の本質に迫る書籍を出版する機会を与えていただいたクロスメディア・パブリッシングの皆様に感謝を申し上げたいです。また、本書の執筆にあたって、私の疑問点が解決するまでディスカッションに付き合ってくれた皆様、本当にありがとうございました。

最後になりますが、これまで私の肉人生にはいくつかの転機がありました。

例えば、18歳の時に初めて食べて感動した「うかい亭」の田村牛ステーキ、和牛の中でも但馬牛が特別な存在だと教えてくれた兵庫県川岸畜産の神戸ビーフ、現在の品種改良や技術改善への疑問を持つきっかけになった滋賀県マルキ牧場の近江牛のように、食べた肉そのものが転機になりました。

そして、初めて本を出版した際には、テレビ出演のオファーをいくつもいただき、2冊目の本は英語でも書かれたので、海外からの問い合わせも増えました。本書は3冊目の著書になりますが、これが新たな肉人生の転機になる予感がしています。

これまでお世話になった全ての方に感謝を伝えて終わりたいと思います。本当にありがとうございました。

読者特典のお知らせ

肉バカが教える、
一生に一度は行ってみたい
焼肉・ステーキ店リスト15選

読者特典は下記URLよりダウンロードしてください。

https://cm-group.jp/LP/40919/

※情報は2024年2月現在のものです。
営業時間の変更、休業といった可能性があるので、
ご紹介した焼肉店、ステーキ店を訪れる際は、
事前にインターネット等でお調べの上で訪問されることをおすすめします。

※読者特典は予告なく終了することがございます。

［著者略歴］

小池克臣（こいけ・かつおみ）

普通の会社員で肉の求道者
1976年、神奈川県横浜の魚屋の長男として生まれたが、家業を継がずに肉を焼く日々。焼肉を中心にステーキやすき焼きといった牛肉料理全般を愛し、さらには和牛そのものの生産過程、加工、熟成まで踏み込んだ研究を続ける。著書に『No Meat, No Life.を実践する男が語る和牛の至福　肉バカ。』（集英社）がある。2024年現在、Instagramフォロワー4.2万人、YouTube「肉バカ 小池克臣の和牛大学」の登録者は2.7万人。和牛への愛に満ちたコンテンツには海外のファンも多い。座右の銘は「見て聞いて満足するな！ 肉は食べなきゃ何も分からない！」

肉（にく）ビジネス

2024年3月1日　　初版発行

著　者　　小池克臣

発行者　　小早川幸一郎

発　行　　株式会社クロスメディア・パブリッシング
〒151-0051 東京都渋谷区千駄ヶ谷4-20-3 東栄神宮外苑ビル
https://www.cm-publishing.co.jp
◎本の内容に関するお問い合わせ先：TEL（03）5413-3140／FAX（03）5413-3141

発　売　　株式会社インプレス
〒101-0051 東京都千代田区神田神保町一丁目105番地
◎乱丁本・落丁本などのお問い合わせ先：FAX（03）6837-5023
service@impress.co.jp
※古書店で購入されたものについてはお取り替えできません

印刷・製本　　中央精版印刷株式会社

ISBN978-4-295-40919-9　　C2034